Hund und Kind
— mit
Martin Rütter

1 Ein tolles Team

2 Der passende Familienhund

MEIN TIPP   Martin Rütter zeigt,
wie es gelingt.

WICHTIG   Informationen
zum Thema

3 Alltag mit Familienhund

4 Gemeinsame Aktivitäten

Kind und Hund: ein tolles Team

Kinder und Hunde gehören zusammen! Doch viele Eltern sind sich trotzdem unsicher, ob die Haltung eines Familienhundes wirklich eine gute Idee ist.

Berichte über Beißvorfälle von Hunden gegenüber Kindern tauchen immer wieder in den Medien auf und so muss das „Projekt Hund" in jedem Fall mit großer Sorgfalt angegangen werden. Denn nichts ist schlimmer, als wenn der geliebte Vierbeiner wieder abgegeben werden muss, weil es Probleme gibt, da Kind und Hund sich nicht verstehen oder der Zeitaufwand für die Erziehung des Hundes, neben der Erziehung des Kindes, unterschätzt wurde.

Wer einen Hund halten möchte, muss sich im Vorfeld mit dem Thema auseinandersetzen. Er muss sich über die Vor- und Nachteile einer Hundehaltung informieren, die Eigenschaften und Bedürfnisse von Hunden kennen, sowie über die verschiedenen Möglichkeiten der Anschaffung und damit auch über die unterschiedlichen Charaktere von Hunden Bescheid wissen. Ein Hund muss zu seinen Menschen passen, und das umso mehr, wenn er in eine Familie mit Kindern einziehen soll.

Beachtet man alle diese Punkte, kann man den oben genannten Satz deutlich bejahen: Kinder und Hunde gehören zusammen! Und natürlich kann ein Hund auch ohne Kinder leben, doch viele Hunde lieben den Kontakt zu Kindern und verbringen gern Zeit mit ihnen. Umgekehrt profitieren Kinder unge-mein davon, wenn ein Hund in der Familie lebt. Denn im Zusammenleben mit einem anderen Lebewesen, muss man sich auf dieses einlassen, seine Bedürfnisse erkennen und respektieren.

Die sieben Jahre alte Mia und die beinahe gleichaltrige Mischlingshündin Hummel sind beste Freundinnen.

Warum Hunde für Kinder so wichtig sind

Fast jedes Kind kommt irgendwann mit dem Wunsch zu seinen Eltern: „Bekomme ich einen Hund?" Einen Freund, dessen weiches Fell man streicheln und mit dem man „durch dick und dünn" gehen kann. Dieser Wunsch wird häufig noch durch Fernsehfilme gefördert, in denen Hunde mit wahrlich traumhaften Eigenschaften zusammen mit Kindern die spannendsten Abenteuer erleben. Diese Hunde sind immer unkompliziert, hören selbstverständlich aufs Wort und besitzen darüber hinaus noch unglaubliche Fähigkeiten. Sie spüren Verbrecher auf, verstehen jedes Wort und haben einen sechsten Sinn dafür, wenn ein Kind in Schwierigkeiten steckt. Dieses wird natürlich dann vom Fernsehhund souverän gerettet! Doch auch wenn viele dieser Eigenschaften beim Familienhund eher selten zu finden sind, ist der Wunsch nach einem vierbeinigen Begleiter für die meisten Eltern gut nachvollziehbar. Denn ein Hund kann als ganz normaler Familienhund so viel bieten. Gut ausgewählt, erzogen und in die Familie integriert, kann er für Kinder nicht nur Begleiter, Freund und Kuschelpartner sein, sondern auch die kindliche Entwicklung ungemein fördern.

RAUS IN DIE NATUR

Ein Hund ist ein Lebewesen, das in der heutigen Zeit der Naturentfremdung noch die Möglichkeit des Naturerlebens bietet. In einer Zeit, in der viele Kinder den Wald nur noch aus dem Fernsehen kennen und fest davon überzeugt sind, dass Kühe „lila" sind, ist es wichtiger denn je geworden, Kindern Natur so nahe wie möglich zu bringen. Der Hund als Lebewesen bietet so den direkten natürlichen Kontakt und somit einen Gegensatz zu einer technisierten Welt mit Fernseher, Computer und Smartphone.

Und nicht nur das! Ein Hund hat Bedürfnisse, die erfüllt werden müssen. Mit dem Hund muss man nach draußen gehen, er muss sich lösen, sich bewegen können, seinen Bedürfnissen nachgehen. Daher heißt es im Zusammenleben mit Hund mehrfach am Tag: „Raus in die Natur".

War es früher selbstverständlich, dass man sich als Kind am Nachmittag nach Schule und Hausaufgaben draußen mit den Freunden zum Spielen traf, sieht das heute leider ganz anders aus. Selbst Grundschulkinder besitzen bereits ein Handy, die Kommunikation findet oft schon in diesem Alter nicht mehr persönlich, sondern per Kurznachricht statt. Und als Teenager kennt man dann den Status seiner Freunde via Facebook genau und tauscht sich über die sozialen Netzwerke aus. Anstatt draußen „Räuber und Gendarm" zu spielen, ist man online via Playstation verbunden und spielt, jeder für sich in seinem Zimmer vor seinem Computer sitzend, verbunden mit anderen Jugendlichen, ein Online-Computerspiel. Das „echte Leben" spielt nur noch eine untergeordnete Rolle. Zwar gab es eine Zeit, in der das „Computer-Haustier", wie z. B. das Tamagotchi, sehr in Mode war, mittlerweile hat dieser Trend jedoch wieder deutlich nachgelassen. Es ist

Malina und Mischlingshündin Luzi erkunden gemeinsam den Wald. Beim Balancieren über einen Baumstamm lernen beide, ihre Bewegungen zu koordinieren.

eben doch ein Unterschied, ob man ein Tier versorgt, das nur auf einem Computer existiert oder aber den Alltag mit einem lebendigen Tier teilt. Bei der Hundehaltung geht es nämlich nicht darum, die meisten Punkte eines Spiels zu ergattern, andere auszustechen und der Beste zu sein. Es geht darum, sich auf ein anderes Lebewesen einzulassen, dessen Bedürfnisse zu erkennen und eine Bindung einzugehen, eine Beziehung aufzubauen.

Wer eine Beziehung zu einem anderen Lebewesen aufbaut, bekommt immer auch eine Rückmeldung, es entsteht eine Interaktion. Der Hund gibt dem Kind damit etwas wieder, und das kann ein auf dem Computer geschaffenes „Haustier" eben nicht leisten.

WICHTIG

Naturerlebnis pur

Damit eine Beziehung zum Hund entstehen kann, müssen Kinder den Hund mit seinen Bedürfnissen wahrnehmen. Ein Hund kann nun einmal nicht nur im Haus gehalten werden. Er benötigt regelmäßig Auslauf, muss sich draußen in der Natur bewegen, um diese mit seinen Sinnen zu erleben. Das Kind als Begleiter hat dadurch die Möglichkeit, die Natur noch einmal ganz anders wahrzunehmen. Naturerlebnis wird zum Alltag, was in der heutigen Kindheit eher selten ist!

IMMER FÜR MICH DA – MEIN BEGLEITER IM ALLTAG

Eltern haben nicht immer Zeit für ihre Kinder. Beruf sowie Haus und Garten und eventuelle weitere Verpflichtungen rund um die Familie nehmen viel Zeit in Anspruch. Und wenn Papa dann müde von der Arbeit nach Hause kommt, möchte er auch gern einmal gemütlich entspannen und sich nicht immer sofort mit in die Spiele der Kinder einbinden lassen. Oma und Opa leben meist weit entfernt und sind häufig nicht mehr, so wie es früher die Regel war, eng in das Leben der Familie eingebunden.

Ein Hund dagegen hat immer Zeit! Er freut sich über die Anwesenheit seiner Menschen, ist gern mittendrin und mit dabei. Die Frage, ob er Lust auf ein Spiel hat, stellt sich hier meist gar nicht. Der Hund bietet Kindern somit eine Nähe, die Eltern nicht ständig in diesem Maß erfüllen können. Und das umso mehr, da immer mehr Kinder als Einzelkind aufwachsen. Heutzutage weiß man, dass allein schon die Anwesenheit eines Lebewesens sich positiv auf den Gemütszustand eines Menschen auswirkt. Einfach nur mit dem Hund zusammen zu sein, kann daher von einem Kind als sehr positiv empfunden werden, es fühlt sich nicht allein, es hat immer einen Freund an seiner Seite!

Mia kann Hummel von all ihren Problemen berichten. Hummel ist verständige Zuhörerin, die auch Geheimnisse bewahren kann.

Hummel ist kurz nach Mias Geburt in die Familie eingezogen und für Mia ein Kumpel von Beginn an.

Beim gemeinsamen Teetrinken bekommt Julis beste Freundin Ginala einen eigenen Teller und Becher.

VERSTÄNDNISVOLLER ZUHÖRER – MEIN TRÖSTER IN DER NOT

Und gerade diese Eigenschaft macht den Hund für viele Kinder zu etwas ganz Besonderem: Ein Hund ist einfach nur da, er hört geduldig zu, wenn man Sorgen und Probleme hat. Denn selbst wenn die Eltern Zeit hätten, möchte man ihnen doch auch nicht immer alles erzählen. Dem Hund kann man unbesorgt alle Probleme und Missgeschicke berichten. Er wird diese weder weitererzählen, noch lacht er über das Kind. Er kritisiert die Handlungen des Kindes nicht, er stellt keine Fragen.

Er ergreift keine Partei, erst Recht nicht für den vermeintlichen Gegner, und gibt auch nicht den Ratschlag „vernünftig" zu sein und sich anders zu verhalten, als man es eigentlich möchte. Somit ist kein Risiko damit verbunden, dem Hund die tiefsten Geheimnisse zu verraten und sich einmal alles so richtig von der Seele zu reden! Der Hund mag das Kind weiterhin, egal, ob es eine Fünf in einer Klassenarbeit nach Hause gebracht oder ob es einen Streit mit den Klassenkameraden gegeben hat. Die Schwächen des Kindes in seinem Alltag spielen in Bezug auf den Hund keine Rolle.

SPIELKAMERAD – MEIN BESTER KUMPEL

Hunde lassen sich in der Regel von Kindern gern zum Spielen motivieren und in das Spiel miteinbeziehen. Dabei kann es sich entweder um ein Apportierspiel handeln (siehe S. 138 f.), bei dem der Hund die Hauptrolle übernimmt, oder um ein Rollenspiel, in dem das Kind dem Hund eine Nebenrolle zugedacht hat. Oft wohnen die Schulfreunde weiter weg, es gibt viele Einzelkinder und die Zeit der Eltern ist knapp bemessen. Der Hund wird zum Ersatz, denn wer spielt schon gern allein. Sicher ist es dann eher die passive Rolle, die der Hund dabei einnimmt, doch das spielt für das Kind in der Regel keine Rolle. So sitzt die Labrador Retriever-Hündin Ginala gern am Teetisch, den die kleine Juli für sich und „ihre Freundin" gedeckt hat (siehe Foto oben rechts). Ginala bekommt immer wieder „Tee" (in dem Fall Wasser) nachgeschenkt sowie ein imaginäres Stück Kuchen auf den Teller gelegt und dabei die neuesten Erlebnisse von Juli erzählt, die sie sich geduldig anhört. Sie liebt die Aufmerksamkeit, die sie von Juli erhält, zumal häufig auch Streicheleinheiten für sie dabei sind.

Martin Rütter erklärt Noah und Malina die Körpersprache ihrer Kangal-Hündin Tequi. Fasziniert beobachten die beiden Tequi und hören gespannt zu, was Martin ihnen erklärt.

FREUNDE FINDEN – ETWAS BESONDERES SEIN

Durch den Hund wird ein Kind häufig zu einer besonderen Person! Ein Hund hat für fast alle Kinder eine große Anziehungskraft und ist für sie ein faszinierendes Wesen. Wer einen Hund besitzt, wird somit für andere Kinder spannend, erlangt häufig Ansehen, ist „cool". Kann der Hund dann noch einen tollen Trick auf ein Zeichen des Kindes hin ausführen, ist dieses sich der Bewunderung seiner Freunde sicher.

Viele Kinder schließen so leichter Kontakte und gewinnen neue Freunde. Und letztendlich fördert ein Hund dadurch auch die Kommunikationsfähigkeit von Kindern. Denn das Kind möchte seinen Freunden stolz etwas über „seinen" Hund erzählen und vielleicht sogar Wissen, das es bereits im Umgang mit seinem Hund erworben hat, weitergeben und so mehr Verständnis für den Hund wecken.

DEN ANDEREN VERSTEHEN

Damit das Zusammenleben zwischen Kind und Hund funktioniert, müssen Kinder lernen, mit einem Hund umzugehen. Dazu gehört zum einen, die Körpersprache des Hundes zu verstehen, denn nur so können Kinder entsprechend auf den Hund und seine körpersprachlichen Signale reagieren. Denn Hunde kommunizieren anders als wir Menschen. Sie nutzen andere Gesten und setzen visuelle Signale viel stärker ein. Kinder müssen also lernen, den Hund genau zu beobachten, seine Körpersprache zu erkennen und diese zu deuten.

Zum anderen müssen sich Kinder Wissen über die Bedürfnisse des Hundes aneignen. Hier ist insbesondere, neben der Versorgung durch Futter und Wasser sowie der Möglichkeit sich zu lösen, das Bedürfnis nach Bewegung und Nutzung der Sinne hervorzuheben. Ein Hund braucht Auslauf, aber auch Beschäftigung. Dürfen Kinder hierbei einen

Teil dieser Aufgaben übernehmen, erfahren sie zudem wie es ist, ein Lebewesen beeinflussen und es mithilfe von Signalen lenken zu können. Signale müssen sinnvoll und bewusst eingesetzt werden, ein anderes Lebewesen darf nicht beherrscht, nicht ausgenutzt werden. Kinder lernen so, Entscheidungen für ein Lebewesen zu treffen, also im Sinne des Hundes zu handeln.

SELBSTBEWUSST HANDELN

Durch die Möglichkeit, bei der Ausbildung und Erziehung des Hundes mitzuwirken, wird zudem das Selbstbewusstsein von Kindern gesteigert. Dabei ist es egal, ob es sich nur um den Hund handelt, der ein Signal ausführt und einem Kind z. B. den Ball wie gewünscht zurückbringt oder sogar um eine Prüfung oder ein Turnier, auf dem ein Kind mit seinem Hund erfolgreich startet. Zu erleben, dass man Dinge bewirken kann, dass man einem anderen Lebewesen etwas beibringt, aber auch, dass man einen Teil der Verantwortung für ein Lebewesen trägt, stärkt das Selbstbewusstsein.

VERANTWORTLICH SEIN

Dadurch, dass Kinder in die Erziehung und Versorgung des Hundes mit eingebunden werden, lernen sie zudem Verantwortung zu übernehmen. Der Hund ist kein Spielzeug, das man nur herausholt, wenn man gerade Lust darauf hat. Sind Kinder für einen Teil der Aufgaben mit verantwortlich, müssen sie lernen, diese Aufgaben auch zu übernehmen, wenn sie vielleicht gerade keine Lust dazu haben. Sei es, weil vielleicht eine andere spannende Alternative wie ein Ausflug mit Freunden ansteht oder aber weil die Ausübung der Pflicht momentan unangenehm ist. Denn der Hund muss auch nach draußen, wenn es gerade regnet und man nach dem Spaziergang pitschnass wieder hereinkommt. Kinder lernen dadurch, eigene Bedürfnisse hintenanzustellen und Rücksicht auf ein anderes Lebewesen und dessen Bedürfnisse zu nehmen. Zudem müssen sie akzeptieren, dass der Hund nicht dafür da ist, jederzeit die eigenen Bedürfnisse zu erfüllen. So braucht der Hund, der nach dem Spaziergang nach Hause kommt, erst einmal Ruhe, bevor das Kind wieder mit ihm spielen kann.

Svenja führt stolz vor, welche Signale die Schäferhündin Gaja bereits gelernt hat.

Mit 16 Jahren darf Joelle allein mit Jamie spazieren gehen und die Verantwortung für ihn übernehmen.

AUSEINANDERSETZUNG MIT „TABU-THEMEN"

Kinder begleiten den Hund in der Familie durch sein ganzes Leben und kommen somit automatisch mit vielen Bereichen in Kontakt, die unter Menschen häufig Tabu-Themen sind. Das beginnt schon beim Welpenkauf und der Frage „Wie entsteht der Welpe?" und endet bei Themen wie Alter oder Krankheit, die Fragen nach dem Tod des Hundes aufkommen lassen. Sexualität, Krankheit und auch Tod – durch die Übertragung dieser Themen auf den Hund kann das Kind ungehemmt fragen und vielen Eltern fällt die Beantwortung dieser Fragen leichter. Denn im Mittelpunkt steht der Hund, der als Tier neutraler betrachtet werden kann als der Mensch oder die eigene Person.

Martin Rütter und Marleen genießen die ruhige Zeit mit der alten Rhodesian Ridgeback-Hündin Abbey.

ABSCHIED NEHMEN

Im Vergleich zu uns Menschen leben Hunde nur eine relativ kurze Zeitspanne. So ist die Wahrscheinlichkeit groß, dass ein Kind den Verlust des geliebten Hundes erleben muss. Natürlich muss der Umgang mit diesem Thema individuell je nach Kind und hier insbesondere je nach Alter des Kindes erfolgen. Während Jugendliche in der Regel bereits eine konkrete Vorstellung vom Tod haben, ist der Umgang in Bezug auf dieses Thema bei Grundschulkindern gegebenenfalls schon schwieriger und Kleinkinder können eine solche Vorstellung meist noch nicht wirklich realisieren. Egal wie alt Ihr Kind ist, Sie sollten es in jedem Fall von seinem Freund Abschied nehmen lassen. Nichts ist für ein Kind schlimmer, als wenn es von der Schule nach Hause kommt und der geliebte Freund auf einmal nicht mehr da ist. Und leider sterben nicht viele Hunde eines natürlichen Todes. Gerade wenn die Leiden zu groß werden, die Lebensqualität des Hundes fraglich ist, müssen wir Menschen entscheiden, den Hund zu erlösen, ihn gehen zu lassen. Ob ein Kind bereits soweit ist, dabei zu sein, wenn der Tierarzt Ihren Hund einschläfert, müssen Sie individuell entscheiden. In jedem Fall sollten Sie Ihrem Kind aber vorab die Möglichkeit geben, sich zu verabschieden. Trauer um ein geliebtes Lebewesen ist wichtig und so gehört diese Phase des Abschiednehmens als erster Schritt dazu.

Auch die Beerdigung des Tieres kann dem Kind helfen, mit dieser Situation umzugehen und Abschied zu nehmen. Sie können z. B. Ihr Kind das Lieblingsspielzeug des Hundes heraussuchen lassen, das dem Hund dann mit auf den letzten Weg gegeben wird. Alle Familienmitglieder versammeln sich am Grab des Hundes, und jeder erzählt, was er für ihn bedeutet hat. Wenn Ihr Kind nach dem Tod des Hundes traurig ist, sollte es diese Gefühle ausleben dürfen. Zeigen Sie Ihrem Kind, dass auch Sie sehr traurig sind. Oft hilft es dann, über das geliebte Tier zu sprechen, sich an gemeinsame schöne Erlebnisse zu erinnern und zusammen Tränen zu vergießen.

Die Rolle des Hundes als Familienhund

Hunde müssen im Umgang mit Kindern lernen, sie zu akzeptieren. Ich betone dabei bewusst akzeptieren, denn Hunde werden kleinere Kinder nie als „ranghöher" ansehen. Auch wenn man den Platz eines Hundes in der Familie heutzutage nicht mehr mit einer Rudel-Rangordnung eines Wolfsrudels

vergleicht, muss sich der Hund innerhalb der Familie doch einordnen. Der Mensch übernimmt die Elternrolle gegenüber dem Hund, und das im Idealfall ein Leben lang. Zur Erziehung des Hundes gehört, dass dieser lernt, sich in seinen Wünschen und Bedürfnissen einzuschränken sowie Begrenzung durch den Menschen zu akzeptieren, auch wenn der Hund bereits erwachsen und ausgereift ist. Diese Stellung gegenüber dem Hund kann ein Kind jedoch niemals einnehmen, denn im Gegensatz zum erwachsenen Hund handelt es sich beim Kind ja um ein noch nicht ausgereiftes, nicht erwachsenes Lebewesen. Und dies erkennt ein Hund anhand der Körpersprache sowie Handlungen des Kindes, aber auch durch den Umgang der Eltern mit dem Kind, sehr genau. Kinder bewegen sich anders als Erwachsene, die Motorik und das Bewegungsverhalten sind vollkommen anders. Kinder führen Handlungen anders aus als Erwachsene, oft fehlt es an Konsequenz und Ausdauer in der Umsetzung. Was gerade noch spannend war, ist auf einmal langweilig und interessiert nicht mehr, da sich in diesem Augenblick etwas Neues, Spannenderes ergeben hat.

Der Hund erkennt, dass die Eltern dem Kind Anweisungen geben, die das Kind – zumindest meistens – ausführt. Damit scheint es kein Entscheidungsträger zu sein und somit keine große Verantwortung in Bezug auf die Familie und das Zusammenleben zu übernehmen. Zum entspannten Zusammenleben ist es aber auch nicht zwingend notwendig, dass ein Hund das Kind als erwachsene,

Ginala geht entspannt an der Leine, so dass Juli diese gemeinsam mit Mama in die Hand nehmen darf.

Verantwortung übernehmende Person wahrnimmt. Vielmehr soll der Hund lernen, dass Kinder eine Sonderrolle in der Familienstruktur einnehmen. Sie sind der menschliche Nachwuchs, für dessen Erziehung allein die Eltern zuständig sind. Damit gibt es für den Hund keinen Grund, in Konkurrenz zu den Kindern zu treten!

Ein Hund erlebt Kinder unterschiedlich, je nachdem, in welchem Alter sie sich befinden. Natürlich kann man kein genaues Alter als Grenze festlegen, dies hängt auch vom jeweils individuellen Entwicklungsstand des Kindes ab. Grundsätzlich kann man aber vier Altersstufen unterscheiden: Baby, Kleinkind, Schulkind und Teenager.

ALTERSSTUFE 1 – BABY

Bei der Beziehung zwischen Baby und Hund handelt es sich um eine Sondersituation. Denn gerade am Anfang bewegt sich das Baby noch nicht eigenständig fort, sondern bleibt da, wo die Eltern es abgelegt haben, im Kinderwagen oder Babybettchen. Eine Beaufsichtigung der Kontakte zwischen Baby und Hund ist daher für die Eltern in der Regel noch einfach durchzuführen. Aufpassen müssen Eltern in diesem Alter, wenn das Baby nach dem Hund greift und die kleinen Fäustchen das Fell fest um-

schließen. Empfindet der Hund dies als unangenehm, weil das Baby auf einmal stärker zieht, als man angenommen hat, kann es zu einer erzieherischen Maßregelung des Hundes gegenüber dem Baby kommen, indem er kurz nach diesem schnappt. Denn Babys werden genauso wie Kleinkinder vom Hund als „Welpen" der Menschenfamilie betrachtet, die – genauso wie Hundewelpen – erzogen werden müssen. Daher sollten die Eltern den Hund im Kontakt mit dem Baby genau beobachten und bei Anzeichen von Stress, Beschwichtigung oder beginnendem Drohverhalten (siehe S. 78 f.) den Kontakt zwischen Baby und Hund unterbrechen und gegebenenfalls die Hand des Babys lösen bzw. bei allzu forschen Babys verhindern, dass diese nach dem Hund greifen. Der Hund wird dann erst einmal auf seinen Liegeplatz geschickt (siehe S. 68 f.), der für ihn ein Rückzugsort ist, an dem er seine Ruhe hat. Das Wegschicken soll dabei keine Strafe sein, Sie müssen Ihren Hund also nicht mit lauter Stimme in die Schranken weisen. Vielmehr soll Ihr Hund sich wieder beruhigen. Hat sich die Situation entspannt, lösen Sie das Signal „Bleib" auf und Ihr Hund darf wieder dazukommen.

Würde man zulassen, dass der Hund das Baby für das zu feste Zugreifen korrigiert, können sich zwei Probleme daraus ergeben. Zwar ist eine erzieherische Korrektur beim Hund in aller Regel nicht

Mischlingsrüde Carlos darf sich die vier Wochen alte Franziska gern auch aus der Nähe anschauen. Wenn ihm das Baby jedoch zu viel wird und er gestresst hechelt, schickt Martina ihn auf seine Decke.

mit Verletzungs- oder gar Tötungsabsicht verbunden. Es würde ja auch keinen Sinn machen, wenn ein wild lebender Hund seinen Nachwuchs zur Erziehung dermaßen stark korrigieren würde, dass dieser eine Verletzung davon trägt, an der er letztendlich sterben könnte. Man kennt zwar auch den Infantizid bei Hunden, also die Tötung des eigenen Nachwuchses, jedoch erfolgt dieser nur in besonderen Situationen. Eine Mutterhündin kann einen Welpen töten, wenn sie feststellt, dass dieser z. B. durch einen angeborenen Herzfehler nicht überlebensfähig ist. Da Babys für Hunde Welpenstatus besitzen, braucht man bei einem gut sozialisierten Hund daher in der Regel keine Angst haben, dass dieser vorhat, das Baby zu töten. Doch wie kann es sein, dass man immer wieder davon hört, dass ein Hund ein Baby schwer verletzt oder sogar getötet hat? Ein Hund setzt zur Korrektur bzw. Erziehung in der Regel seine Zähne ein, was beim Welpen vollkommen unproblematisch ist. Beim Baby kann das aber zu schweren Verletzungen führen, da die Haut des Babys nicht so widerstandsfähig ist wie die Haut eines Welpen. Zudem passieren schwere Unfälle mit Baby und Hund häufig dann, wenn sie unbeobachtet sind.

Das Baby liegt z. B. im Kinderwagen auf der Terrasse und schläft. Die Mutter nutzt die kurze Ruhepause, um sich nur schnell einen Kaffee in der Küche zu machen. In dieser Zeit wacht das Baby auf und fängt an zu schreien. Der Hund der Familie wird neugierig und sieht nach, was mit dem Baby los ist. Im Grunde genommen handelt es sich dabei also um Brutpflegeverhalten. Der Hund springt am Kinderwagen hoch, dieser kippt um, das Baby fällt heraus und fängt noch mehr an zu schreien. Der Hund erschrickt und schnappt nach dem schreienden Kind. Vielleicht zeigt er aber noch stärkeres Brutpflegeverhalten, indem er das Baby zur Mutter bzw. in die sichere Höhle, also die Wohnung zurücktragen will. Nun ist ein Baby nicht so einfach zu tragen wie ein Welpe, nicht einmal von einem Hund großer Rassen, und so wird der Versuch, das Baby zu packen und ins Haus zu tragen oder zu schleifen meist mit schweren Verletzungen des Babys einhergehen. Das Bild, das sich der Mutter bietet, die durch das Geschrei ihres Kindes alarmiert herausgerannt kommt, ist in jedem Fall erschreckend und furchtbar. Und leider können die Verletzungen, die durch die vom Hund eigentlich gut gemeinte Aktion beim Baby entstehen, tödlich sein.

Ein weiteres Problem ist eine Verschiebung der Zuständigkeiten. Wenn der Hund das Baby für falsches Verhalten korrigiert, sieht er sich als Erzieher des Babys. Er übernimmt damit die Elternrolle und wird diese auch in anderen Situationen ausführen wollen. Diese Hunde liegen dann häufig vor dem Kinderwagen bzw. entfernen sich auf dem Spaziergang nicht von der Familie. Nähern sich fremde Personen oder wollen Besucher das Baby auf den Arm nehmen, lässt der Hund dies häufig nicht zu. Er verteidigt das Baby, da er – als Erzieher – ja offensichtlich für dessen Sicherheit zuständig ist.

Problematisch wird es mit Hund und Baby eigentlich erst dann, wenn das Baby mit einigen Monaten zu krabbeln beginnt. Es wird auf einmal mobil. Die Feinmotorik ist jedoch noch nicht wirklich ausgeprägt, sodass es nicht gerade sanft mit dem Hund umgehen wird. Da wird ungeschickt ins Fell gegriffen und an den Haaren gezogen, über die Rute hinweggekrabbelt oder sich an langen Schlappohren festgehalten. Alles Situationen, die für den Hund schnell unangenehm und schmerzhaft werden können.

Zudem akzeptiert das Baby in dieser Lebensphase noch kein „Nein". Es ist somit Aufgabe der Eltern dafür zu sorgen, dass Hund und Baby keine unangenehmen und ungeplanten Kontakte miteinander haben.

ALTERSSTUFE 2 – KLEINKIND

Kleinkinder werden vom Hund ebenfalls als Welpen des „Menschenrudels" angesehen. Durch ihre tollpatschige Art sich zu bewegen, vermitteln sie dem Hund, dass es sich hier um ein Lebewesen handelt, das noch der Pflege, Versorgung und Erziehung bedarf.

Daher dürfen sich Kleinkinder bei einem gut sozialisierten Hund häufig viel erlauben. Eine feste Umarmung, sich bei den ersten, noch wackeligen Schritten am Hund festhalten, über den Hund klettern oder wildes Herumtollen wird oftmals geduldet. Doch irgendwann wird es auch dem gutmütigsten Hund zu viel. Gerade Kleinkinder spielen gern „So tun als ob"-Spiele, bei denen dem Hund eine Rolle im Spiel zugewiesen wird. Solange sich diese Rolle auf „Am Kaffeetisch sitzen und zuhören" beschränkt, ist für den Hund in der Regel noch alles in Ordnung. Geht das Kind aber in seinem Spiel weiter und legt den kleinen Hund als Puppenersatz in den Kinderwagen oder zieht ihm die Kleider der Puppe an, wird es schnell gefährlich. Denn übermütige Welpen müssen aus Sicht des Hundes erzogen werden. Wird es dem Hund zu viel oder meint er, dass das Kind in seinem Tun eingeschränkt werden muss, wird er zu hündischen erzieherischen Maßnahmen greifen, also z. B. einen Schnauzgriff anwenden.

Wird Penny der Kontakt zu viel, leckt sie sich über den Fang und wendet sich von Marley ab.

Giulia greift dann sofort ein und nimmt Marley von Penny weg.

Die zehn Monate alte Marley findet Mischlingshündin Penny spannend und krabbelt immer zu ihr hin. Penny ist dabei sehr geduldig, doch die Eltern müssen die Situation im Auge behalten.

Beim Schnauzgriff greift die Hundemama einmal mit dem Maul fest über die Schnauze des Welpen. Dabei werden durchaus die Zähne spürbar eingesetzt, auch wenn natürlich keine Verletzungsabsicht gegenüber dem Welpen besteht. Da die Kinderhaut aber nicht so widerstandsfähig ist wie Welpenhaut, kann eine solche Maßregelung, gerade im Gesicht, schnell zu einer schweren Verletzung des Kindes führen.

Eltern von Kleinkindern müssen daher das Spiel bzw. den Umgang von Kind und Hund immer im Auge behalten. Kleinkinder können die feine Körpersprache eines Hundes nicht deuten, sodass die Eltern in diesem Fall reagieren müssen. Zeigt ein Hund durch Stress-Signale, beschwichtigende Gesten oder sogar beginnendes Drohverhalten (siehe S. 78 f.), dass die Gegenwart des Kindes ihm momentan zu viel ist, müssen die Eltern handeln und Kind und Hund trennen. Das Kind wird dabei z. B. einfach weggenommen und mit einem alternativen Spielangebot beschäftigt. Der Hund wird auf seinen Liegeplatz geschickt (siehe S. 68 f.), auf dem er vom Kind niemals bedrängt werden darf. Der Liegeplatz soll für den Hund Ruheplatz sein, auf den er sich auch selbstständig zurückziehen kann. So lernen beide, Kind und Hund, dass die Eltern sich verantwortlich fühlen und Situationen klären. Wenn es einmal schnell gehen muss, hilft es in einem solchen Fall, wenn Kind und Hund getrennt voneinander untergebracht werden können. Der Hund kann so z. B. für einen Augenblick auf seinem Liegeplatz oder in seiner Hundebox warten (siehe S. 70), bis das Kind im Laufstall gesichert untergebracht ist.

NACHAHMEN VON HANDLUNGEN

Gerade bei Kleinkindern müssen Eltern auch vorsichtig bei Handlungen sein, die ein Kind nachahmen könnte. Dabei können selbst banale Tätigkeiten gefährlich für Kind und Hund werden. Wenn Eltern dem Hund z. B. Augen- oder Ohrentropfen verabreichen müssen, das Fell an einer Stelle gekürzt oder die Krallen geschnitten werden müssen, sollten Kleinkinder nicht anwesend sein. Viele Hunde empfinden Pflegemaßnahmen als unangenehm, da sie dabei z.T. eingeschränkt werden. Sie müssen stillhalten, werden vielleicht festgehalten, und das Eingeben der Augen- bzw. Ohrentropfen ist in der Regel zwar nicht schmerzhaft, verursacht jedoch meist ein unangenehmes Gefühl. Ist ein Hund von Anfang an daran gewöhnt und hat er gelernt, diese Maßnahmen ruhig über sich ergehen zu lassen, wird es diesbezüglich bei einem erwachsenen Menschen in der Regel keine Probleme geben. Das bedeutet aber nicht, dass ein Hund sich solche Handlungen von einem Kind gefallen lässt. Da hilft es dann auch nicht, die Utensilien immer außer Reichweite des Kindes aufzubewahren. Denn ein Kleinkind braucht für das Nachahmen von Handlungen, die es interessieren, nicht unbedingt den Originalgegenstand. Ein Stück Holz oder ein Bauklötzchen können problemlos als Augentropfen fungieren. Und selbst wenn der Hund nun immer noch ruhig bleibt, wenn das Kind ihn am Kopf festhält und mit dem Bauklötzchen Richtung Auge geht, besteht nun auch Verletzungsgefahr für den Hund, da die Motorik des Kleinkindes in aller Regel nicht für eine solche Feinmotorik ausreicht.

ALTERSSTUFE 3 – SCHULKIND

Schulkinder im Grundschulalter sind häufig Spielgefährten für den Hund und werden von diesem eher als gleichrangiger „Kumpel" angesehen, mit dem man auch einmal ausgelassen toben kann.

Hierbei ist es Aufgabe der Eltern, darauf zu achten, dass das Spiel von beiden Seiten aus nicht zu wild wird, um Verletzungen vorzubeugen. Denn genauso wie Schulkinder können auch Hunde sich in ein Spiel hineinsteigern und dabei so aufdrehen, dass sie die sonst gut akzeptierten Grenzen nicht mehr wahrnehmen. Da wird dann doch vielleicht einmal fester spielerisch zugebissen, auch wenn der Hund die Beißhemmung (siehe S. 95) bereits gut gegenüber dem Menschen erlernt hat. Beim Zerrspiel versucht jeder den anderen zu übertrumpfen, weder Kind noch Hund möchten verlieren, möchten loslassen. Dass bei einem solchen Spiel bis auf wenige Kleinsthunde in der Regel der Hund der Stärkere ist, wissen zwar die Eltern, das Kind wird dies jedoch nicht einfach so akzeptieren. Genauso wie bei der Haltung von mehreren Hunden das Signal „Schluss" trainiert werden sollte, um eine Situation mit zu viel Spannung kurz zu unterbrechen, sollten Eltern dies auch bei einem Spiel zwischen Schulkind und Hund durchführen, bevor einer der Spielpartner übertreibt. Beim Hund ist es hierfür sinnvoll, das Signal „Schluss" erst einmal außerhalb dieser Situation aufzubauen. Klappt dies, wird die Übung gezielt im Spiel mit dem Kind trainiert. Das Kind wird über das Training informiert und somit in die Erziehung des Hundes mit eingebunden. Es fühlt sich wichtig, da es einen entscheidenden Teil beim Erziehungsprozess des Hundes mit übernehmen darf.

Der neunjährige Moritz liebt es, mit dem anderthalbjährigen Rüden Sid wild Fußball zu spielen.

Übung Eltern/Kind: Unterbrechung einer Aktivität

Beim Signal „Schluss" kann das Kind in das Training des Hundes miteinbezogen werden.

1 Bringen Sie Ihrem Hund in Abwesenheit des Kindes das Signal „Schluss" bei. Beenden Sie dazu ein Spiel und drehen Sie sich weg. Wiederholen Sie dies mehrfach.

2 Erläutern Sie Ihrem Kind den Ablauf der Übung in Ruhe. Sie können ihm z. B. erklären, dass Ihr Hund ein neues Signal lernen soll und Sie dazu seine Hilfe benötigen.

3 Beginnen Sie mit einer einfachen Situation, Ihr Kind kann z. B. Ihren Hund streicheln. Vereinbaren Sie mit Ihrem Kind, dass dieses das Streicheln beenden soll, wenn Sie „Schluss" sagen.

4 Sie können das Hörzeichen noch mit einem Sichtzeichen verdeutlichen. Ihr Kind soll sich vom Hund wegdrehen, es soll Ihren Hund nicht mehr anschauen, anfassen oder ansprechen.

Obwohl Golden Retriever gern mit dem Menschen zusammenarbeiten, haben sie nicht immer Lust, die Signale von Kindern auszuführen und ignorieren diese dann.

Fordert Ihr Hund die Fortsetzung der Aktivität „Streicheln" (siehe S. 21) nicht weiter ein, können Sie ihn dafür belohnen. Denken Sie daran, Ihr Kind auch zu loben! Vielleicht gibt es – entsprechend des Leckerlis für Ihren Hund – jedes Mal ein Gummibärchen für Ihr Kind? Danach dürfen Kind und Hund mal die Aktivität weiter durchführen, mal ist sie aber auch ganz beendet und Kind und Hund widmen sich anderen Aktivitäten. Die Aktivität ist also nicht grundsätzlich verboten, sie soll nur – entweder für einen kurzen Moment oder aber für einen längeren Zeitraum – unterbrochen werden.

Im nächsten Schritt können Sie dann dynamischere Aktivitäten unterbrechen, also z. B. ein Ballspiel des Kindes mit dem Hund.

Wiederholen Sie diese Übungen oft, denn nicht nur Ihr Hund muss diese mehrfach durchführen, bevor er das Signal in einer aufgeheizten Spielsituation zuverlässig ausführen wird, auch Ihr Kind muss das Verhalten verinnerlichen, damit es „ohne Nachzudenken" in einer angespannten Situation richtig handelt.

IMITATION DER ELTERN

Beim Schulkind besteht im Kontakt mit dem Hund zudem die Gefahr, dass das Kind häufig die Eltern imitieren wird. Bei Handlungen wie dem Signal „Schluss" ist dies in aller Regel kein Problem, da es sich hierbei ja nicht um eine Korrektur des Hundes handelt. Schluss bedeutet lediglich: „Höre bitte mit dem auf, was du gerade machst. Es ist nicht generell verboten, sondern gerade zu diesem Zeitpunkt nicht erwünscht." Daher ist dieses Signal bei richtigem Aufbau für den Hund nicht negativ verknüpft. Auch weitere Erziehungssignale wie z. B. „Sitz", „Platz" oder „Hier" (siehe ab S. 63), die das Kind bei den Eltern abschaut, können in der Regel unproblematisch vom Kind nachgeahmt werden, da diese Signale in der Regel über positive Verstärkung (siehe S. 65), also Belohnung des Hundes nach gezeigtem Verhalten, aufgebaut werden.

Problematisch kann es allerdings dann werden, wenn der Hund die Signale des Kindes nicht ausführt. Ein Hund wird ein Kind im Grundschulalter nicht ernst nehmen und sich von diesem nichts sagen lassen, wenn er das nicht möchte. Sicherlich sind gerade Hunde, die zur Zusammenarbeit mit dem Menschen gezüchtet werden und einfach Spaß daran haben, gemeinsam Dinge mit dem Menschen zu machen, oft begeistert, wenn Kinder sich mit ihnen beschäftigen und führen Signale daher auch bereitwillig aus. Das muss aber nicht immer und zu jeder Zeit der Fall sein. So kann es also durchaus vorkommen, dass Ihr Schulkind vor Ihrem Hund steht und diesem das Signal für die Übung „Sitz" gibt, Ihr Hund aber gar nicht daran denkt, sich hinzusetzen. Ein Hund wird in diesem Fall einfach mit der Aktion weitermachen, mit der er gerade beschäftigt war. Er wird also draußen im Garten z. B. einfach weiter schnüffeln oder gemütlich in der Sonne liegen bleiben. Wird das Kind nun fordernder, indem es das Signal mehrfach wiederholt und vielleicht sogar näher an den Hund herangeht, wird dieser in der Regel zunächst einmal versuchen, das Kind zu ignorieren und sich ihm zu entziehen: Er wird einfach weggehen. Kann er dies nicht, weil er vielleicht gerade in einer Zimmerecke liegt, wird er dem Kind jedoch durch eine erzieherische Maßnahme wie ein Abschnappen deutlich machen, dass dieses gerade seine Grenzen überschreitet. Hat ein Kind nun aber beobachtet, dass Eltern den Hund für das Nichtbefolgen eines Signals korrigieren und ahmt dieses Verhalten nach, kann es für das

Pudelrüde Cooper liebt das Spiel mit allen Kindern, insbesondere das Tricktraining.

Kind gefährlich werden. Denn aus Sicht des Hundes hat ein Kind in diesem Alter kein Recht, ihn zu korrigieren. Daher kann eine Maßregelung des Kindes durch den Hund in diesem Fall durchaus einmal heftiger ausfallen.

Ein Kind muss also lernen, dass es Übungen mit dem Hund nur in Anwesenheit der Eltern ausführen darf. Da man aber natürlich niemals ausschließen kann, dass ein Kind einfache Signale doch „nur mal kurz" ausprobiert, müssen Sie als Eltern darauf achten, den Hund in Anwesenheit des Kindes niemals körperlich, also z. B. durch einen Schnauzgriff oder Nackenstoß, zu korrigieren, damit das Kind diese Korrekturen nicht nachahmen wird.

Beim Toben mit Moritz fährt der anderthalbjährige Jungrüde Sid schnell hoch und übertreibt es dann oft, indem er Moritz in den Arm beißt.

ALTERSSTUFE 4 – TEENAGER

Im Alter von ca. 12 bis 14 Jahren, also in etwa mit der Zeit der Geschlechtsreife, wird das nun zum Teenager gereifte Kind aus Sicht des Hundes zum gleichwertigen Familienmitglied, das auch in angespannten Situationen ernst genommen wird. Auch hier entscheidet allerdings wieder der Hund darüber, wann diese Zeit gekommen ist. Je nach Entwicklungsstand des Kindes kann dieser Zeitpunkt variieren. Entscheidend ist, ob sich der Teenager konsequent und kompetent dem Hund gegenüber verhält.

Viele Teenager gehen sehr bewusst mit ihrem Hund um und sind stolz darauf, wenn sie ihm eigenständig etwas beibringen können. Sie konzentrieren sich im Training ganz auf den Hund, sind nicht durch andere Aufgaben und Gedanken abgelenkt und nutzen oftmals jede freie Minute des Tages. So kann es sein, dass der Hund im Training mit dem Jugendlichen viel motivierter mitmacht als im Training mit den Eltern.

Andererseits ist gerade die Pubertät eine Zeit, in der die Hormone verrücktspielen. War der Teenie gerade noch glücklich und schwebte im siebten Himmel, kann ihn schon eine Kleinigkeit aus der

Der Große Schweizer Sennenhund Sid kennt beim Tobespiel keine Grenzen, er zerrt am Pullover.

Bahn werfen und die Stimmung fällt in den Keller. Hunde sind sehr feinfühlig und bekommen diese Stimmungsschwankungen mit. Das ist erst einmal kein Problem. Richtet sich der Stimmungsumschwung aber plötzlich gegen den Hund, wird der Jugendliche laut und ungehalten, kann dies beim Hund dazu führen, dass er sich entweder zurücknimmt und den Jugendlichen meidet oder aber sogar ernsthaft korrigiert. Jugendliche müssen daher lernen, in Bezug auf den Hund immer eindeutig und klar zu sein. Auch Erwachsene sollten auf ein Training mit ihrem Hund besser verzichten, wenn sie gerade gestresst sind, schlechte Laune haben oder die Zeit knapp ist. Denn ein Training wird in diesen Fällen selten positiv verlaufen. Man wird schnell ungeduldig, wenn es einmal nicht klappt, korrigiert den Hund, obwohl dieser das neue Verhalten noch gar nicht gelernt hat. Häufen sich solche Situationen, verschlechtert sich nicht nur das Training, sondern auch die Beziehung zwischen Mensch und Hund. Der Hund kann dem Menschen nicht mehr vertrauen, da dieser aus seiner Sicht unverständlich handelt. Jugendliche müssen also lernen, sich im Umgang mit dem Hund zurückzunehmen, wenn sie selbst nicht positiv gestimmt sind und sich nicht wirklich voll auf den Hund einlassen können.

Ein Jugendlicher, der konsequent im Umgang mit dem Hund ist sowie Hundeverhalten deuten kann und richtig darauf reagiert, wird vom Hund in der Regel ernst genommen. Kommt es doch einmal zu einer angespannten Situation, sollte der Jugendliche das Training abbrechen und den Hund keinesfalls korrigieren. Denn schnell kann dies zu einem Konkurrenzkampf ausarten, bei dem keine der beiden Parteien das Gesicht verlieren möchte. Gerade in Bezug auf männliche Jugendliche kann es hier häufig zu Problemen und Spannungen kommen, vor allem dann, wenn es sich beim Hund der Familie um einen Rüden handelt. Dieser wird den Jugendlichen eventuell als gleichgeschlechtlichen Konkurrenten ansehen. In einer brenzligen Situation sollte der Jugendliche sich daher nicht scheuen, die Eltern zu Hilfe zu rufen, damit diese den Hund in seine Schranken verweisen und die Situation klären, bevor sie richtig eskaliert. Gerade wenn sich Spannungen in Bezug auf ein Familienmitglied häufen, sollte immer ein professioneller Hundetrainer um Hilfe gefragt werden.

Versucht Moritz Sid abzuwehren, wird dieser heftiger. Er umklammert Moritz und beißt frontal in den Pulli.

Sid schränkt Moritz immer weiter ein, der Junge kann den starken Rüden alleine nicht mehr abwehren.

Der passende Familienhund

Die Anschaffung eines Hundes sollte immer mit Vernunft entschieden werden und keine spontane Gefühlsentscheidung sein.

Parallel zum Hund müssen bei einer Familie auch noch die Kinder erzogen werden, so sind die Anforderungen an die Eltern hoch. Grundsätzlich sind bei der Haltung eines Hundes immer die Eltern in der Verantwortung. Zwar kann je nach Alter des Kindes dieses bereits Teilaufgaben in der Erziehung und Pflege übernehmen, dennoch müssen Kinder dabei immer von den Erwachsenen begleitet und angeleitet werden. Und selbst ein Teenager kann Aufgaben nicht in dem Maß erfüllen wie ein Erwachsener und nicht die vollständige Verantwortung für einen Hund übernehmen. Die Eltern müssen auch hier Anleitung in der Erziehung des Hundes geben und Vorbild sein.

Ein Hund kann daher niemals nur für ein Kind gekauft werden. Selbst ein Teenager, der schon in großem Maß Verantwortung übernimmt, kann nicht überblicken, wie sein Leben in 15 Jahren aussehen wird. Schule, Ausbildung und Beruf sind Lebensabschnitte, die nicht vorhersehbar sind. Ein Hund lebt aber im Durchschnitt etwa 12 bis 15 Jahre. Wenn der Hund nicht zum späteren Leben des Kindes passt, muss er bei den Eltern bleiben können.

Damit ist klar, dass die Entscheidung über den Kauf eines Hundes immer bei den Eltern liegt.

Diesen muss bewusst sein, dass die zusätzlich anfallenden Aufgaben wie Versorgung und Erziehung des Hundes hauptsächlich ihnen zufallen werden. Wenn Eltern also selbst keinen Hund möchten, weil sie wissen, dass z. B. durch Berufstätigkeit beider Elternteile gar keine Zeit für einen Hund oder aber vielleicht auch überhaupt kein Interesse am Hund vorhanden ist, gegebenenfalls sogar eher eine ängstliche Haltung Hunden gegenüber eingenommen wird, sollte vom Vorhaben „Familienhund" besser Abstand genommen werden.

Eine glückliche Familie: Giulia und Steve genießen die Zeit mit ihren drei Hunden und Tochter Marley.

Doch auch wenn nur ein Elternteil begeistert von der Idee „Hund" ist, sollte der Partner diesem Vorhaben zumindest nicht ablehnend gegenüberstehen. Denn gerade in einer Familie kann es immer Situationen geben, in denen ein Partner einspringen muss, sei es, weil das Kind intensiv betreut werden muss, ein Elternteil erkrankt oder ein wichtiger Termin ansteht. Steht der Partner der Aufnahme eines Hundes aber negativ gegenüber, hat er vielleicht sogar Angst vor Hunden, wird die Versorgung schnell zum Problem, das die gesamte Familie belastet und die Beziehungen innerhalb der Familie auf die Probe stellt. Daher muss die Entscheidung für einen Hund immer von allen Familienmitgliedern getroffen und getragen werden!

WENN KINDER ANGST VOR HUNDEN HABEN

Letztendlich müssen aber nicht nur beide Elternteile eindeutig „ja" zum Vorhaben „Familienhund" sagen, auch alle Kinder müssen mit der Haltung eines Hundes einverstanden sein. Natürlich muss nicht jedes Kind direkt in Begeisterungsstürme ausbrechen, gerade bei Jugendlichen sind die „Jungs" einem solchen Plan gegenüber oft einfach ignorant und wollen – zumindest anfangs – nichts mit dem Hund zu tun haben. Das ist auch kein Problem, denn wie bereits besprochen, obliegt die Verantwortung der Hundehaltung in der Familie den erwachsenen Familienmitgliedern. Doch so mancher Teenie hat sich dann vom Vierbeiner um die Finger wickeln lassen und begeistert das Training des Hundes übernommen.

Wenn jedoch eines der Kinder Angst vor Hunden hat, muss dies in jedem Fall ernst genommen werden. Von Bedeutung ist hierbei natürlich, wie ausgeprägt die Angst ist und welche Ursache sie hat. Dabei muss ein Kind nicht unbedingt von einem Hund gebissen und verletzt worden sein. Manchmal reicht es, wenn ein Kind von einem Hund bedrängt bzw. angesprungen wurde. Hat das Kind sich dabei erschrocken und konnte den Hund und seine Reaktionen nicht einschätzen, reicht das unter Umständen für eine Traumatisierung.

Besteht nur eine leichte Angst, kann diese eventuell überwunden werden, indem man dem Kind Kontakte zu gut erzogenen, ruhigen Hunden vermittelt. Das Kind darf dabei natürlich nicht zu einem Kontakt gezwungen werden, es muss selbst entscheiden können, wie schnell es sich dem Hund nähert. Erkundigen Sie sich in diesem Fall ruhig einmal bei einer Martin Rütter DOGS Hundeschule in Ihrer Nähe, diese bieten oftmals auch Lernkurse für Kinder an. In diesen Kursen lernen die Kinder die Körpersprache des Hundes lesen und verstehen. Denn nur wer einen Hund sicher einschätzen kann, wird ihm offen und ohne Angst gegenübertreten. Gerade ängstliche Kinder können zudem in diesen Kursen mit ausgebildeten Trainerhunden erste Kontakte zum Hund aufnehmen. Der Hund muss sich dazu dem Kind gegenüber eher ignorant verhalten. Er muss ruhig auf der Decke liegen und sich erst einmal gar nicht für das Kind interessieren. Nimmt dieses Kontakt zu ihm auf, sollte der Hund diesen ruhig und unaufdringlich erwidern. Traut sich das Kind mehr, sollte er natürlich gern auf Spielangebote des Kindes eingehen.

ÄNGSTLICHES KIND UND WELPE

Bei der Auswahl des Familienhundes ist es bei einem etwas ängstlichen Kind oft günstiger, sich für die Aufnahme eines Welpen zu entscheiden. Ein Welpe ist aus Sicht des Kindes noch nicht so gefährlich, das Größenverhältnis ist noch ausgewogen. Denn ein ausgewachsener Berner Sennenhund kann mit seinen gut 65 cm Schulterhöhe für ein Kind auf Augenhöhe schon aufgrund der Größe extrem bedrohlich wirken. Der Welpe ist zudem motorisch nicht so fit wie ein erwachsener Hund, er wirkt tollpatschig und ungeschickt. Das Kind wächst so gemeinsam mit dem Hund auf, lernt ihn von Welpe an kennen und kann die Körpersprache des Hundes in kleinen Schritten lernen. Allerdings haben Welpen oft noch keine Beißhemmung gegenüber dem Menschen erlernt (siehe S. 95) und die Welpenzähne können durchaus spitz und damit furchteinflößend für ein Kind sein. Daher ist es gerade bei ängstlichen Kindern wichtig, darauf zu achten, dass der Welpe im Idealfall bereits beim Züchter die Grundzüge der Beißhemmung erlernt hat. Die Welpen sollten beim Züchter also nicht in Schuhe, Schnürsenkel und Hosenbeine der Besucher beißen dürfen! Zusätzlich müssen die Eltern von Anfang an mit dem Training der Beißhem-

Deerhound Blayne ist fast genauso groß wie der sechs Jahre alte Len, so dass dieser sich von Blayne oft bedroht fühlt. Dabei ist Blayne eigentlich genauso unsicher wie Len und würde diesem niemals drohen.

mung beginnen. Außerdem kann der Welpe noch nicht ruhig für einige Zeit auf einer Decke abgelegt werden, was ein bereits erwachsener Hund häufig entweder bereits beherrscht oder aber schnell lernen kann. Bei einem aktiven und quirligen Welpen ist ein eher ängstliches Kind somit gegebenenfalls schnell überfordert. Wichtig sind daher von Anfang an getrennte Bereiche: Die Kinderzimmer sind für den Welpen tabu, der Welpe lernt seinen Liegeplatz als Ruheplatz oder aber auch das Warten in einer Box kennen. Die Auswahl der Rasse bzw. des Welpen spielt in diesem Fall eine wichtige Rolle, es sollte sich eher um eine gemütliche, etwas ruhigere Rasse handeln. Eine gute Möglichkeit, die Reaktion Ihres unsicheren Kindes in Bezug auf Welpen zu testen, ist der Besuch eines Züchters. Ein guter Züchter wird sowieso immer vor dem Kauf eines Welpen darauf bestehen, Sie selbst sowie die ganze Familie kennen zu lernen. Nur so kann er den passenden Welpen für Sie und Ihre Familie auswählen.

Martin Rütter testet, wie sich Len bei einem kleinen hellen Hund verhält. Len ist gleich viel entspannter und offener gegenüber dem Mischlingshund als im Kontakt mit dem Deerhound.

ÄNGSTLICHES KIND UND ERWACHSENER HUND

Natürlich kann auch ein erwachsener Hund für eine Familie mit ängstlichem Kind geeignet sein. Der Vorteil besteht darin, dass ein erwachsener Hund bereits in seinem Wesen gefestigt ist. Man kann daher zur Pflegestelle bzw. ins Tierheim fahren, ihn anschauen und kennenlernen, sowie sein Verhalten in verschiedenen Situationen, gerade in Bezug auf das Kind der Familie, testen. Wenn Sie sich nicht sicher sind, welcher Hund am besten zu Ihnen und Ihrem Kind passt, lassen Sie sich bei der Auswahl des Hundes von einem professionellen Hundetrainer beraten. Dieser wird den Hund vorab, ohne Anwesenheit des Kindes, testen und so bereits eine erste Einschätzung geben können. Bei der Anschaffung eines erwachsenen Hundes können und müssen Sie Ihr Kind natürlich in die Auswahl des Hundes aktiv miteinbeziehen.

War der Hund, der die Angst ursprünglich ausgelöst hat, weil das Kind z. B. von diesem angebellt wurde, ein großer schwarzer Hund, wird das Kind sich eventuell eher bei einem kleineren hellen Hund entspannt verhalten können. Bevor Sie sich für einen erwachsenen Hund entscheiden, sollten Sie sowohl Kind als auch Hund in vielen unterschiedlichen Situationen beobachten. Nur wenn beide sich miteinander wohlfühlen, darf die Entscheidung für diesen Hund getroffen werden. Denn nichts ist schlimmer, als einen Hund nach einigen Wochen wieder abgeben zu müssen. Sowohl für das Kind, das eventuell schon eine – wenn auch nicht ausgeprägte – Beziehung zum Hund aufgebaut hat, als auch für den Hund, der aus dem Tierheim oder Tierschutz kommend, nun erneut die Sicherheit einer Familie verlassen muss. Aus diesem Grund wird ein seriöser Vermittler von Tierheim-/Tierschutzhunden einen Hund immer nur dann abgeben, wenn er alle Familienmitglieder persönlich kennengelernt hat. Alle in der Familie müssen der Aufnahme des Welpen/des Hundes zustimmen und dem neuen Familienmitglied offen gegenübertreten.

PSYCHOLOGISCHE UNTERSTÜTZUNG

Sollte Ihr Kind eine ausgeprägte Angst gegenüber Hunden zeigen, die gegebenenfalls sogar aufgrund eines Beißvorfalls entstanden ist, müssen Sie die Behandlung einem Fachmann überlassen. Suchen Sie in diesem Fall einen Kinderpsychologen auf, der dann, eventuell in Zusammenarbeit mit einem professionellen Hundetrainer, die Behandlung übernehmen wird.

Auf gar keinem Fall dürfen Sie die Angst Ihres Kindes ignorieren, in der Überzeugung, dass diese verschwindet, wenn Ihr Kind den Hund erst einmal kennengelernt hat. Meist passiert nämlich dann genau das Gegenteil. Das Kind ist unsicher, zeigt ängstliches Verhalten dem Hund gegenüber. In einer solchen Situation werden Kinder starr, behalten die Gefahr im Auge. Genau das ist für einen Hund aber ein Zeichen, dass etwas nicht in Ordnung ist. Das Kind zeigt aus Sicht des Hundes drohendes Verhalten. Es fixiert ihn, wird steif, was in der Hundesprache eine starke Drohung ausdrückt. So wird der Hund als Reaktion auf das Verhalten des Kindes vielleicht ebenfalls mit Drohverhalten reagieren, er wird steif, knurrt oder bellt das Kind an. Dieses fühlt sich jetzt in seiner Angst bestätigt, der Teufelskreis beginnt.

Doch selbst wenn es nicht zu einem solchen Vorfall kommt, muss das Kind ab dem Zeitpunkt, ab dem der Hund in die Familie einzieht, ständig in Angst leben. Das Zuhause, das doch eigentlich Sicherheit und Geborgenheit bieten soll, wird zu einem Ort, an dem das Kind in ständiger Angst vor einem Zusammentreffen mit dem Hund lebt. In diesem Fall müssen die Eltern mit ihrem Wunsch nach der Haltung eines Hundes zumindest vorerst zurückstehen, die Interessen des Kindes gehen hier eindeutig vor!

GEDANKEN ZUR HUNDEHALTUNG

Bevor der Hund in die Familie kommt und Sie sich konkret Gedanken über die Auswahl und gewünschten Eigenschaften machen, sollten Sie vorab genau überlegen, ob ein Hund in Ihrer momentanen Situation überhaupt passt. Da die Verantwortung für den Hund Sie als Eltern tragen, müssen Sie Ihren Alltag überprüfen. Wieviel Zeit ist neben Beruf, Haushalt, Garten und Kindern eigentlich für den Hund vorhanden? Wenn Sie denken, dass der Hund einfach so mitlaufen kann, vergessen Sie den Gedanken an die Haltung eines Hundes gleich wieder. Natürlich wird es auch Tage geben, an denen Ihr Hund nur wenig beschäftigt wird, an denen es nur einen kleinen Spaziergang gibt. Dies sollte jedoch die Ausnahme sein. Sie müssen für die Versorgung und Erziehung Ihres Hundes mindestens 2 bis 3 Stunden täglich Zeit vorsehen. Spazierengehen, Training mit Ihrem Hund, gemeinsame Beschäftigung mit Hund und Kind (je nach Alter der Kinder), Füttern, gerade bei langhaarigen Hunden ausreichend Fellpflege, all dies benötigt täglich Zeit. Dabei sind außergewöhnliche Termine wie der Besuch des Tierarztes zum Impfen oder bei Krankheit, der Besuch einer Hundeschule oder der Termin beim Hundefrisör (je nach Rasse) noch nicht mit einberechnet.

WICHTIG

Zeitplan Versorgung Hund

Morgens mindestens 30 Minuten Spaziergang zum Lösen, anschließend Fütterung.
Nachmittags eine kurze Beschäftigungs-/ Trainingseinheit, je nach Alter der Kinder auch gemeinsam mit diesen.
Am Abend dann noch ein etwas längerer Spaziergang verbunden mit Training/Beschäftigung, anschließend Fütterung und gegebenenfalls Fellpflege.

Hundehaltung erfordert Zeit

Wer einen Hund in die Familie aufnehmen will, sollte entsprechend Zeit für die Versorgung und Beschäftigung des Hundes einplanen.

1 Hunde brauchen Auslauf; täglich sollte mind. ein längerer Spaziergang von ca. einer Stunde mit dem Hund unternommen werden.

2 Doch nicht nur die körperliche Auslastung ist wichtig. Hunde wollen auch geistig beschäftigt werden, indem sie z. B. den Futterbeutel bringen.

3 Ältere Kinder können in das Training des Hundes miteinbezogen werden, so haben Kind und Hund gemeinsam Spaß!

4 Gerade bei langhaarigen Hunden ist die tägliche Fellpflege durch Bürsten wichtig, damit das Fell nicht verfilzt.

KOSTEN

Seien Sie sich außerdem im Klaren darüber, Hunde kosten Geld. Und damit sind nicht nur die Anschaffungskosten gemeint. Für einen Rassehundewelpen müssen Sie je nach Rasse mit etwa 1 000 bis 2 000 Euro Kaufpreis rechnen. Bei Hunden aus dem Tierschutz wird meist eine sogenannte „Schutzgebühr"

Kosten für einen Hund

Einmalige Kosten	
Welpe vom Züchter:	bis zu 2 000 €
Hund aus dem Tierschutz:	ca. 300 – 500 €
Halsband, Geschirr und Leine:	ca. 60 €
Diverses Spielzeug:	ca. 50 €
Bürste, Zeckenzange, etc.:	ca. 20 €
Liegeplatz:	ca. 100 €
Box (für das Auto):	ca. 200 €
Trainingsutensilien:	ca. 100 €
Welpengruppe:	ca. 75 €
Hundeschule/Monat, in der Regel in den ersten zwei Jahren notwendig:	ca. 100 €
Gesamtkosten Anschaffung:	5 005 €

Jährliche Kosten	
Haftpflichtversicherung/Jahr:	ca. 60 €
Steuer/Jahr:	ca. 60 €
Tierarzt/Jahr (Impfen/Entwurmen):	ca. 100 €
Futter/Monat (bei einem mittelgroßem Hund):	ca. 50 €
Gesamtkosten/Jahr:	ca. 820 €
Gesamtkosten in 12 Jahren (durchschnittliche Lebensdauer eines Hundes):	ca. 9 840 €
Gesamtkosten für die Haltung eines Hundes:	ca. 14 845 €

von etwa 300 bis 500 Euro fällig, von der der Tierschutzverein seine laufenden Kosten wie Impfung und erste Versorgung der Hunde finanziert. Neben den Anschaffungskosten fallen aber noch einige weitere Kosten an, die Sie bedenken sollten. Hier müssen neben den Kosten für die Grundversorgung, also für Futter, Zubehör wie Leine, Halsband, Spielzeug und Körbchen, Impfung und Entwurmung, Steuer und Haftpflichtversicherung vor allem mögliche Erkrankungen des Hundes bedacht werden. Ein Hund kann zwar auch krankenversichert werden, jedoch sind solche Versicherungen recht teuer. Muss ein Hund in der Tierklinik behandelt werden, fallen schnell Kosten von mehreren Tausend Euro an. Doch selbst bei einem gesunden Hund kommen im Laufe seines Lebens einige Kosten zusammen und man ist schnell bei einem Betrag, von dem man sich auch ein Auto kaufen könnte.

TRANSPORT DES HUNDES

Gerade Familien müssen sich noch Gedanken über den Transport des Hundes im Auto machen. Wenn Sie Ihren Hund in einer Box im Kofferraum Ihres Autos unterbringen, um ihn sicher zu transportieren, entfällt der Platz, der zuvor vielleicht für Kinderwagen und Zubehör vorgesehen war. Gerade bei mehreren Kindern oder Hunden muss man dann schnell auf einen Kleinbus ausweichen, um sämtliche Familienmitglieder inklusive Hund sowie das Gepäck sicher transportieren zu können.

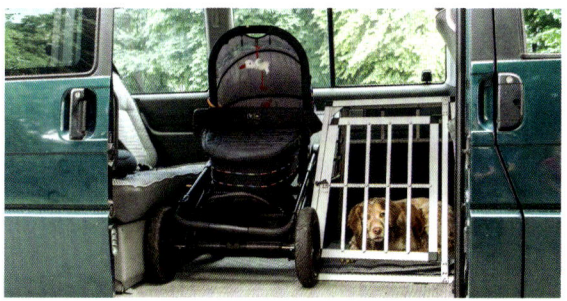

Ein Hund muss im Auto immer sicher transportiert werden, z. B. gesichert in einer Hundebox.

Mischlingshündin Luzi liebt es, mit ihrer Familie zusammen zu sein. Ein entspanntes Picknick im Park ist dabei genauso willkommen, wie ein aufregender Spaziergang.

FREIZEIT- UND URLAUBSPLANUNG

Weiterhin müssen Sie sich vorab überlegen, wie Urlaubsplanung und Familienausflüge künftig gestaltet werden. Ein Hund kann nicht einfach überallhin mitgenommen werden. Urlaubsquartiere erlauben nicht immer die Mitnahme von Haustieren, sodass man in der Auswahl der Unterkunft künftig eingeschränkt sein wird. Flugreisen sind mit Hund auch nicht leicht durchführbar, da für die meisten Hunde der Transport im Gepäckraum in einer Flugbox enormen Stress bedeutet. Familien, die den Urlaub daher gern weit entfernt am Meer verbringen, sollten sich diesbezüglich Gedanken machen. Denn gerade im Urlaub hat man endlich einmal Zeit und möchte diese mit der gesamten Familie verbringen. Und dazu gehört der Hund als Familienmitglied ebenfalls dazu! Hunde sind „Rudeltiere", sie möchten so viel Zeit wie möglich mit ihrer Familie verbringen. Natürlich kann man den Hund einmal im Jahr in einer Hundepension unterbringen. Gute Hundepensionen, ohne Zwingerhaltung – dafür mit Familienanschluss, gibt es jedoch nicht viele. Zudem fallen hier natürlich weitere Kosten an, die Unterbringung des Hundes in einer guten Hundepension kostet täglich mindestens ca. 25 Euro. Bei einem zweiwöchigen Urlaub sind das 350 Euro.

Auch Familienausflüge müssen künftig unter Umständen anders geplant werden. Verbringen Sie den Sonntag gern im Zoo? Fahren Sie oft mit der ganzen Familie in den Vergnügungspark? In der Regel ist die Mitnahme von Hunden hier nicht gestattet, und wenn doch, darf der Hund natürlich nicht mit auf die Vergnügungsattraktionen. Ein Familienmitglied muss also immer beim Hund bleiben. Auch wenn ein Hund nicht täglich 6 Stunden allein gelassen werden sollte, kann er, insofern Sie ihm das beigebracht haben, natürlich ab und an tagsüber für eine längere Zeit allein bleiben. Aber Hin- und Rückfahrt mit eingerechnet, sind 6 Stunden schnell vorbei. Haben Sie jemanden, der in diesem Fall mittags den Hund ausführen oder in den Garten lassen kann?

Und bitte bedenken Sie: Die Verpflichtung für die Versorgung und Haltung Ihres Hundes übernehmen Sie ein Hundeleben lang! Auch wenn Sie sich jetzt vielleicht noch nicht vorstellen können, dass Unternehmungen wie Freizeitausflüge zu einem Problem werden können, da Ihre Kinder noch klein sind und Sie dadurch noch ans Haus gebunden sind, wird sich dies gegebenenfalls einige Jahre später ändern. Dann sollte aber nicht der Hund der Leidtragende sein.

Die richtige Wahl: Welcher Hund soll es sein?

Die Auswahl des Hundes sollte besonders sorgfältig vorgenommen werden. Liest man Rassebeschreibungen in Büchern, sind eigentlich alle Rassen toll und geeignet für die Haltung in der Familie. Dies liegt meist daran, dass ein Autor, der ein Buch über eine bestimmte Rasse schreibt, von dieser natürlich erst einmal begeistert ist. Vermutlich hält er selbst seit längerer Zeit Hunde dieser Rasse. Und wer schreibt schon gern etwas Negatives über Lebewesen, die er gern mag, mit denen er sein Leben teilt?

Kinder tendieren, wie bereits geschrieben, oft zu Modehunden, die gerade „in" sind, weil sie im Fernsehen in Filmen oder Serien präsent oder gerade Hauptdarsteller im neuesten Kinofilm sind. Das sind aber nun nicht immer unbedingt Rassen, die sich als Familienhunde eignen, denn die Eigenschaften eines Hundes im Film werden oft stark glorifiziert.

Was macht den Familienhund also aus? Welche Eigenschaften sollte ein guter Familienhund besitzen und wie erkennt man diese?

EIGENSCHAFTEN EINES FAMILIENHUNDES

Ein Familienhund, egal ob Welpe oder erwachsener Hund, sollte bestimmte Eigenschaften mitbringen. Manuela van Schewick beschreibt in ihrem Buch „Kind trifft Hund" (Müller-Rüschlikon 2014) folgende Eigenschaften:

- freundliche Grundstimmung gegenüber Menschen
- hohe Reizschwelle
- Sicherheit und Gelassenheit in Alltagssituationen
- Sicherheit gegenüber optischen und akustischen Reizquellen, Schussfestigkeit
- Unterordnungsbereitschaft
- ausreichende körperliche Robustheit und Unempfindlichkeit
- Verträglichkeit im Umgang mit Artgenossen
- Spielfreudigkeit
- Lernfreudigkeit
- ausgeglichenes Temperament

Schaut man sich die vom Familienhund geforderten Eigenschaften einmal genauer an, wird deutlich, dass von einem Familienhund viel erwartet wird.

Geduldig bleibt die Berner Sennenhündin Maira liegen, wenn die siebenjährige Viktoria sie streichelt.

FREUNDLICH GEGENÜBER MENSCHEN

Natürlich ist ein Hund, der starkes aggressives Verhalten gegenüber Menschen zeigt, in einer Familie nicht gut aufgehoben. Hunde, die dem Menschen gegenüber aggressiv reagieren, müssen in der jeweiligen Situation souverän geführt werden. Zudem müssen solche Situationen eher vermieden werden. Kinder schätzen eine Situation jedoch schnell falsch ein, was dann zu Verletzungen durch den Hund führen kann. Verteidigt ein Hund z. B. massiv Futter gegenüber dem Menschen, kann dieser Hund im Zusammenleben mit kleinen Kindern eine echte Gefahr werden. Denn kleine Kinder sehen es nicht ein, warum sie einen Keks, der ihnen heruntergefallen ist, dem Hund überlassen sollten. War es nur ein kleines Stück Brot, ist dieses schnell vom Hund gefressen, die Gefahr vorbei. Braucht der Hund jedoch länger für den Verzehr der erbeuteten Leckerei, kann es passieren, dass das Kind versucht, ihm „sein" Essen wieder wegzunehmen. Die Korrektur durch den Hund kann bei einem Hund, der zu stark aggressivem Verhalten mit Verletzungsabsicht gegenüber erwachsenen Menschen bereit ist, gegenüber einem Kind noch massiver ausfallen.

HOHE REIZSCHWELLE

Ein Hund mit niedriger Reizschwelle, der sich schnell aufregt und in einer angespannten Situation dann vielleicht auch schnell korrigiert, wenn es ihm zu viel wird, kann in einer Familie nicht glücklich werden. In der Regel ist besonders bei kleinen Kindern immer viel los, Besuch kommt ständig vorbei, eine Meute von Kindern tobt durch das Haus. Der ideale Familienhund sollte daher eine hohe Reizschwelle besitzen, er sollte also auf Reize nicht sofort mit höchster Aktivität reagieren.

SICHERHEIT UND GELASSENHEIT IN ALLTAGSSITUATIONEN

In einer Familie, gerade mit kleinen Kindern, ist immer etwas los. Da fällt die Salatschüssel in der Küche herunter, das Kleinkind bekommt einen Wutanfall und rennt schreiend in der Gegend herum, weil es kein Eis bekommt, das Schulkind übt auf dem Schlagzeug, der Teenager hört laut seine Lieblingsmusik. Ein Hund, der bei lauten Geräuschen zusammenzuckt, der sich verkriecht, wenn einmal etwas herunterfällt, hat in einer Familie ständig Stress. Daher sollte der ideale Familienhund in Alltagssituationen entspannt reagieren.

Crispy ist immer freundlich gegenüber Kindern, auch wenn diese sie ab und an bedrängen.

Mischlingsrüde Travis ist die Ruhe selbst, auch wenn die Kinder der Familie rund um ihn herum toben.

Die Leinenführigkeit am Kinderwagen mit Hund ist eine große Herausforderung. Der Hund sollte daher sicher und gelassen gegenüber Autoverkehr reagieren.

SICHERHEIT GEGENÜBER OPTISCHEN UND AKUSTISCHEN REIZQUELLEN

Natürlich soll Ihr Familienhund kein Polizeihund werden. Warum sollte er also schussfest sein? Hier geht es vor allem darum, dass Ihr Hund sich nicht nur bei Ihnen zu Hause, also in Haus und Garten, sondern auch unterwegs auf dem Spaziergang und auf gemeinsamen Ausflügen entspannt verhalten soll. Stellen Sie sich einen Spaziergang vor, auf dem Ihr Hund erschrocken in die Leine springt, weil in der Nähe eine Autotür zugeschlagen wird oder ein Auspuff aufgrund einer Fehlzündung knallt. Der Ruck durch die Leine kann für einen erwachsenen Menschen schon unangenehm sein. Wenn Sie nun aber an der anderen Hand noch Ihr Kind halten oder gar den Kinderwagen schieben, wird es durchaus gefährlich für Ihr Kind.

Auf dem Spaziergang möchten Sie Ihren Hund zudem vermutlich auch einmal frei laufen lassen. Sicher müssen Sie dafür grundsätzlich einen zuverlässigen Rückruf trainieren (siehe S. 64 f.). Doch selbst ein gut trainierter Hund, der immer auf das Signal „Hier" zu Ihnen zurückkommt, wird bei einem großen Schreck unter Umständen kopflos davonrennen. Steht Ihr Hund also auf einmal einem Menschen mit wallendem Mantel gegenüber und bringt ihn dies so aus der Fassung, dass er fortläuft, ist die Verzweiflung bei allen Familienmitgliedern groß. Hoffentlich findet der Hund zurück oder wird gefunden und nach Hause bzw. ins nahe Tierheim gebracht. Und hoffentlich passiert dem Hund dabei nichts. Was ist, wenn sich Ihr Hund schwer verletzt? Wer schon einmal nur ein paar Minuten auf seinen Hund gewartet hat, weiß, wie groß die Sorgen sind, die man sich macht. Manche Hunde tauchen oft erst nach vielen Stunden oder sogar Tagen auf. Eine Situation, mit der gerade Kinder erst recht überfordert sind. Der ideale Familienhund sollte daher gelassen gegenüber plötzlich auftretenden optischen, aber auch akustischen Reizen sein. Ein sich plötzlich öffnender Regenschirm? Eine laute Fahrradklingel? Ein seltsam gekleideter Mensch? Ein buntes Windspiel am Gartenzaun? Na und? Alles Alltag! Der Familienhund darf solche Reize natürlich zur Kenntnis nehmen, mehr als ein kurzes Abschnuppern sollte als Reaktion jedoch nicht erfolgen. Im Idealfall geht er einfach gelassen und unbeteiligt an solchen Reizen vorbei.

Rottweiler sind als Familienhunde geeignet, da sie sehr robust sind und gelassen auf Alltagsreize reagieren.

Ein Familienhund muss auch einmal eine enge Umarmung ohne Angst oder Korrektur des Kindes ertragen.

UNTERORDNUNGSBEREITSCHAFT

Zuerst einmal muss geklärt werden, was mit dem Begriff „Unterordnung" eigentlich gemeint ist. Viele Menschen glauben immer noch, ein Hund zeigt Unterordnung, wenn er die Signale „Sitz", „Platz", „Hier" und „Fuß" befolgt. Häufig wird in der Begleithundeprüfung der Übungsteil auf dem Hundeplatz, bei dem genau diese Übungen vom Hund gefordert werden, als „Unterordnungsteil" bezeichnet. Diese Signale sind für einen Hund jedoch eigentlich nichts anderes als Tricks. Übungen, die er am besten über positive Verstärkung (siehe S. 65) lernt und die mit „Unterordnung" im eigentlichen Sinn nichts zu tun haben. Der Begriff Unterordnung hat nämlich eine eher negative Bedeutung. Ordnet sich jemand „unter", macht er sich klein, der andere steht als „Herrscher" über ihm. Die Mensch-Hund-Beziehung sollte jedoch keinesfalls von einer solchen diktatorischen Einstellung geprägt sein. Hunde leben in familiären Beziehungen und genauso sollte auch die Mensch-Hund-Beziehung gestaltet werden.

Der Mensch führt den Hund durch sein Leben, ist für ihn verantwortlich, gibt ihm Sicherheit. Im Grunde genommen verhält sich der Mensch dem Hund gegenüber genau wie gegenüber einem Kind. Daher darf ein Hund natürlich, genauso wie ein Kind, durchaus eigene Vorstellungen, eigene Bedürfnisse haben und diese auch in die Mensch-Hund-Beziehung mit einbringen. Er sollte jedoch die Stellung des Erwachsenen in der Familie als denjenigen, der die wichtigen Entscheidungen trifft, akzeptieren. Dies wird er nur dann tun, wenn er den Menschen als umsichtig und verantwortungsbewusst erlebt, nur dann wird er sich ihm anschließen, sich in die Familienstruktur „einordnen".

Daher verwende ich in Bezug auf den Hund eher den Begriff „Einordnen" anstatt „Unterordnung". Genauso wie beim Menschen gibt es auch bei Hunden unterschiedliche Charaktere. Hunde, die sehr selbstständig und selbstbewusst sind, akzeptieren die verantwortliche Position des Menschen unter Umständen nicht so leicht. Daher sollte als Familienhund z. B. eher der Welpe im Wurf ausgewählt werden, der nicht immer in der ersten Reihe steht und lautstark seine Wünsche einfordert. Genauso sollte ein erwachsener Hund sich für den Menschen interessieren, sich an diesem orientieren und nicht mit Vorliebe eigenständig unterwegs sein.

KÖRPERLICHE ROBUSTHEIT UND UNEMPFINDLICHKEIT

Besonders kleinere Kinder können ihre Bewegungen oft nicht gut kontrollieren und so kann es sein, dass die gut gemeinte Umarmung doch eher als „festes Drücken" ausfällt. Und auch wenn die Eltern noch so gut aufpassen, kann es passieren, dass das Kind dem Hund auf die Rute tritt, beim Laufen gegen den Hund stößt oder ein Spielzeug auf ihn herunterfällt. Ein sensibler Hund kann dadurch sehr gestresst sein und sich unter Umständen nicht mehr in die Nähe des Kindes trauen, daher muss der Familienhund eher robust und unempfindlich sein.

VERTRÄGLICH IM UMGANG MIT ARTGENOSSEN

Wer sich Gedanken über die Anschaffung eines Hundes macht, hat in der Regel noch keinen Hund. Soll der zweite Hund einziehen, weiß man längst, worauf man achten muss und welche Dinge in Bezug auf die Hundehaltung gemeinsam mit Kindern wichtig sind. Warum sollte der ideale Familienhund also verträglich mit Artgenossen sein? Doch Hunde-haltung spielt sich nicht nur innerhalb der eigenen vier Wände ab. Sie möchten bestimmt mit Ihrem Hund und der ganzen Familie spazieren gehen. Rastet Ihr Hund aber bei jedem anderen Hund aus, den er erblickt, und springt laut bellend in die Leine, wird der Spaziergang schnell zum Spieß-rutenlauf. Ist selbst Freilauf nicht mehr möglich, da Ihr Hund sich auch hier aggressiv gegenüber anderen Hunden verhält, werden Spaziergänge, gerade mit Kind, nur noch eingeschränkt möglich sein. Denn mit einem bellenden und an der Leine zerrenden Hund möchten Sie vermutlich nicht auch noch einen Kinderwagen schieben. Zudem bekommen die Kinder schnell Angst, ihr sonst immer lieber freundlicher Kumpel zeigt sich auf einmal von einer ganz anderen Seite. Vielleicht haben Sie zudem befreundete Familien, die einen Hund halten und möchten ab und an gemeinsam unterwegs sein? Solange sich Ihr Hund mit dem Hund der anderen Familie versteht, ist dies kein Problem. Verhält sich Ihr Hund jedoch aggressiv gegenüber dem anderen Hund, sind Freundschaften schnell beendet.

Treffen mehrere Hunde von befreundeten Familien aufeinander, sollten diese miteinander harmo-nieren und sich im Idealfall gut verstehen.

SPIEL- UND LERNFREUDIGKEIT

Spielfreudigkeit und Lernfreudigkeit sind zwar aus Sicht des Hundes nicht unbedingt erforderlich, um in einer Familie leben zu können, aber die Kinder möchten in der Regel gern etwas mit dem Hund unternehmen, kleine Übungen mit ihm durchführen, mit ihm „spielen". Ein sehr selbstständiger Hund, der für solche Spielereien keinen Sinn hat, wird die Familie daher nicht glücklich machen. Die Enttäuschung des Kindes ist groß, wenn man mit dem Hund eigentlich gar nichts anfangen kann.

Aus diesem Grund eignen sich als Familienhund Rassen, die auch als erwachsener Hund das Leben spielerisch angehen, nicht immer alles ernst nehmen und begeistert auf aus Hundesicht eigentlich sinnlose Spiele eingehen. Zu diesen Rassen gehören z. B. der Golden oder Labrador Retriever im Gegensatz zu den eher ernsthaften Rassen wie z. B. dem Herdenschutzhund.

AUSGEGLICHENES TEMPERAMENT

Beim Punkt „Spielfreudigkeit und Lernfreudigkeit" habe ich gerade gesagt, dass der ideale Familienhund gern auf Spielangebote eingehen soll. Das heißt nun aber natürlich nicht, dass der Hund den ganzen Tag unter Strom stehen soll. Ein Hund, der nie abschalten kann und ständig Beschäftigung und Auslastung braucht, ist als Familienhund nicht wirklich geeignet. Denn der Familienhund muss oft genug auch einfach nur warten können. Er ist eben nicht wie häufig bei kinderlosen Paaren immer Mittelpunkt des Geschehens, sondern spielt oft nur eine Nebenrolle. Daher muss man besonders bei Hunden aus Arbeitslinien darauf achten, dass diese aus einer guten Zucht kommen, in der die Hunde zwar aktiv und arbeitsfreudig sind, jedoch nicht hyperaktiv und überdreht. Zudem müssen Familien bei einem Welpen von Anfang an darauf achten, dass dieser lernt, abzuwarten und sich zu beherrschen. Als Beispiel müssen Labrador Retriever das Apportieren eigentlich nicht lernen, es liegt ihnen sozusagen im Blut. Wird nun aber der Welpe jede wache Minute von einem Familienmitglied bespaßt und darf ständig dem Bällchen hinterherspringen, wird er mit einem Jahr diese ständige Beschäftigung auch einfordern. Trainieren Sie daher eher ruhige Übungen mit Ihrem Welpen. Sitzenbleiben und warten, während ein Bällchen geworfen wird, und dieses dann gar nicht immer selbst holen dürfen, sondern zusehen müssen, wie der Mensch das geworfene Bällchen holt, ist eine viel größere Herausforderung.

Die Straßenhündin Tink hat kein Interesse am Ballspiel, auch wenn sich die Kinder noch so bemühen.

Labrador Retriever bringen gern einen Gegenstand zurück und haben daher viel Spaß am Apportieren.

Labrador Retriever gibt es in drei unterschiedlichen Farben, in Braun, Schwarz und in unterschiedlichen Gelbtönen.

WER IST DER/DIE SCHÖNSTE?

Natürlich gibt es nicht „das" ideale Aussehen für einen Familienhund. Hier spielt der individuelle Geschmack eine Rolle und Sie dürfen Ihre eigenen Vorlieben gern in den Vordergrund stellen. Dennoch sollen einige Punkte kurz angesprochen werden. Viele Rassen gibt es in unterschiedlichen Farben. Wenn Sie mit einem Züchter einer dieser Rassen sprechen, wird er Ihnen auf die Frage, welche Farbe denn besser sei, vielleicht antworten: „Ein guter Hund hat keine Farbe!" Damit ist gemeint, dass die Farbe des Hundes eher eine untergeordnete Rolle bei der Auswahl spielen sollte. Sie bestimmt nur, ob ein Mensch diese Farbe gerade schön findet oder nicht und ist daher ein sehr subjektives Auswahlkriterium. Vor allem dann, wenn ein Hund vielleicht sogar eine besondere Zeichnung hat, wie z. B. einen interessant geformten Fleck, fühlen sich viele Menschen davon geradezu magisch angezogen. Dieser besondere Hund muss es sein! Viel wichtiger ist aber doch, ob der Hund auch vom Charakter, Wesen und Temperament her zu Ihnen und Ihrer Familie passt. Was nützt Ihnen der einzigartige Hund, wenn die Erziehung und Haltung Sie letztendlich überfordert, da er für Ihre spezielle Lebenssituation vielleicht viel zu temperamentvoll ist?

Dennoch ist gerade das Thema Farbe in Bezug auf Kinder noch einmal von einem anderen Standpunkt aus zu betrachten. Schwarze Hunde werden nicht nur von vielen erwachsenen Menschen mit Skepsis betrachtet, auch viele Kinder fürchten sich eher vor einem dunklen, schwarzen Hund als vor einem hellgelben. Ein gelber oder brauner Hund wirkt spontan viel freundlicher, erinnert an den Teddybären aus dem Kinderzimmer, sodass man ihm eher offen und unbefangen entgegentritt als einem schwarzen Hund. Zudem ist es bei schwarzen Hunden bereits für erwachsene Menschen schwieriger, die Mimik zu erkennen und richtig zu deuten. Für Kinder ist ein schnelles Mimikspiel bei einem dunklen Hund daher oft kaum wahrnehmbar.

Auch bei langhaarigen Hunden, vor allem wenn der Hund am Kopf lange Haare hat, muss dieser Aspekt beachtet werden. Zudem bedeuten langhaarige Hunde natürlich einen größeren Pflegeaufwand. Sie müssen je nach Beschaffenheit und Länge des Fells wöchentlich oder sogar täglich gebürstet werden. Langes Fell braucht zudem viel länger, bis es nach einem Bad im Teich oder Spaziergang im Regen wieder trocken ist. Überlegen Sie sich daher, wieviel Zeit Sie für solche Pflegemaßnahmen aufbringen können. Allerdings spielt bei langhaarigen Hunden in Bezug auf das Kind auch der

Kuschelfaktor eine Rolle. Hunde mit sehr kurzem Fell, wie z. B. Dalmatiner, wirken auf Kinder nicht so attraktiv wie Hunde mit mittellangem oder langem Fell, in welches man die Hände beim Streicheln und Kuscheln richtig tief vergraben kann.

RÜDE ODER HÜNDIN?

Grundsätzlich kann man sagen, dass man sowohl mit einem Rüden als auch mit einer Hündin einen guten Familienhund haben kann. Doch welche Unterschiede gibt es eigentlich?

Bei der Haltung einer Hündin muss man sich darüber bewusst sein, dass diese in der Regel zweimal im Jahr läufig wird. In dieser Zeit blutet sie über einen Zeitraum von ca. drei Wochen, sodass man nun entweder öfter sauber machen oder aber die Hündin an das Tragen einer Läufigkeitshose gewöhnen muss. Zudem besteht in dieser Zeit die Gefahr, dass die Hündin von einem Rüden gedeckt wird, sie darf also nicht frei laufen. Hier heißt es aufpassen, damit kein ungewollter Nachwuchs entsteht. Durch eine Kastration der Hündin würde diese Gefahr natürlich genommen werden, allerdings sollte eine solche Operation nur mit begründeter Ursache, wie z. B. bei Problemen durch Scheinträch-

tigkeit nach der Läufigkeit oder Gebärmutterentzündung, in Betracht gezogen werden, da sie einen nicht unerheblichen medizinischen Eingriff für die Hündin darstellt.

Rüden markieren z.T. häufiger als eine Hündin, doch auch ein Rüde kann lernen, im Garten nicht jeden Strauch und jeden Blumentopf anzupinkeln. Gerade bei territorialen Rassen zeigen Rüden auf Spaziergängen eher konkurrenzbedingtes Aggressionsverhalten gegenüber anderen Rüden. Doch auch hier kann man durch gute Erziehung entgegenwirken.

Häufig hört man, dass Hündinnen viel verschmuster sind als Rüden. Eine solche These ist jedoch nicht belegbar! Viele Rüden lieben ausgedehnte Streichel- und Kuscheleinheiten gemeinsam mit ihrem Menschen.

Einen deutlichen Unterschied gibt es jedoch tatsächlich, gerade bei den mittelgroßen bis großen Rassen sind Hündinnen deutlich kleiner und auch leichter als die männlichen Vertreter der jeweiligen Rasse. Beim Golden Retriever sollen Hündinnen laut Rassestandard z. B. 51 bis 56 cm Schulterhöhe haben, Rüden dagegen 56 bis 61 cm. Im Extremfall kann es sich daher also um einen Unterschied von ca. 10 cm handeln. Vom Gewicht her hat ein großer Rüde daher durchaus ca. 35 bis 38 Kilogramm, eine

kleinere Hündin dazu im Vergleich oft nur ca. 25 bis 28 Kilogramm. Man sollte daher überlegen, ob eine Hündin gegebenenfalls eher in Frage kommt, da sie im Notfall eher gehalten werden kann. Doch auch eine Hündin kann einen erwachsenen Menschen zu Fall bringen, wenn sie mit voller Wucht in die Leine springt. Daher spielt in Bezug hierauf eigentlich die gute Erziehung eine viel wichtigere Rolle. Und da Kinder eh nicht allein mit dem Hund zum Spaziergang geschickt werden sollten (siehe ab S. 126 ff.), ist auch dieser Punkt bei der Entscheidung bezüglich Rüde oder Hündin letztlich nicht von großer Bedeutung!

KLEINER ODER GROSSER HUND

Viele Familien denken bei der Haltung eines Hundes als erstes an einen kleineren Hund. Dieser hat nicht so viel Kraft wie ein großer und kann ihrer Meinung nach eher sowohl von den Erwachsenen, die zusätzlich vielleicht noch den Kinderwagen schieben müssen, als auch von Kindern gehalten werden. Zudem erscheint die Gefahr in Bezug auf Beißvorfälle nicht so groß wie bei einem großen Hund, einfach schon aufgrund der Größe des Mauls sowie der Beißkraft. Doch lassen Sie sich

Dackel-Rüde Paddy wird von der einjährigen Jasmin beim Streicheln stark bedrängt. Hier müssen die Eltern künftig früher einschreiten und Jasmin von Paddy wegnehmen, da sonst eine Abwehrreaktion seitens Paddy erfolgen kann.

nicht täuschen, auch ein kleiner Terrier kann bereits so viel Kraft an der Leine entwickeln, dass er ein Kind im Grundschulalter aus dem Gleichgewicht und zu Fall bringt. Und auch ein kleiner Hund kann ein Kind durch Bisse verletzen. Auf die Wahl von extrem kleinen Rassen wie dem Chihuahua oder Rehpinscher sollte man gerade bei kleinen Kindern verzichten. Diese können das Kind zwar nicht hinter sich herziehen, doch wenn dieses ungeschickt über den Hund fällt oder auf das Bein tritt, kommt es schnell zu schlimmen Verletzungen beim Hund. Zudem besteht gerade bei sehr kleinen Rassen die Gefahr, dass besonders Kinder diese nicht ernst nehmen. Sie erinnern zu sehr an den Stoffhund aus dem Spielregal, mit dem man machen kann, was man will. Ein kleiner Hund wird eher hochgehoben und getragen, in den Kinderwagen gelegt oder verkleidet. Diese Hunde wollen aber genauso ernst genommen werden wie ein großer Hund, was dann schnell zu einem überreizten Hund führen kann.

Kangal-Hündin Tequi liegt immer im Garten und passt auf, wenn die Kinder der Familie spielen. Herdenschutzhunde wie der Kangal zeigen häufig stark territoriales Verhalten.

Ein kleiner Hund kann sich zudem gerade durch Kleinkinder schneller bedroht fühlen, da diese mit ein oder zwei Jahren bereits deutlich größer als der Hund sind. Greift das Kind daher ungeschickt nach dem Hund und beugt sich dabei noch über ihn, ist die Situation schnell angespannt. Bei einem großen Hund ist ein Kleinkind im Gegensatz dazu eher auf Augenhöhe mit dem Hund. Das Kind, das bei den ersten Laufversuchen unsicher schwankt und sich am gerade in der Gegend herumstehenden Hund festhält, wird daher weniger bedrohlich vom Hund empfunden, da sich das Kind in diesem Fall nicht über den Hund beugt. Es kommt aber hierbei häufig zu einem frontalen Anstarren, das Kind schaut dem Hund lange in die Augen. Dies kann dazu führen, dass der Hund sich unwohl und vom Kind bedrängt fühlt. Genauso kann dieses „Sich-auf-Augenhöhe-des-Hundes-Befinden" auch für eher unsichere Kinder zu viel sein und sie haben Angst vor dem doch recht großen Hund. Zwar wachsen Kinder wiederum relativ schnell und sind in wenigen Jahren größer als der Hund, doch gerade wenn die ersten

Jahre von Unsicherheit geprägt sind, da sich das Kind in Gegenwart des Hundes immer unwohl fühlte, wird ein entspanntes Miteinander sicher nicht entstehen.

KLEINER HUND, WENIGER AUFWAND?

Oft entsteht der Gedanke an einen kleinen Hund auch aus der Idee heraus, dass dieser weniger Auslauf und Beschäftigung benötigt. Dies ist aber vollkommen falsch. Ein erwachsener Terrier braucht genauso seine 2 bis 3 Stunden Auslauf und Beschäftigung am Tag wie z. B. ein Pudel. Im Gegensatz zum Pudel ist ein Terrier sogar eher der aktivere Hund. Ursprünglich für die Jagd auf Ratten gezüchtet, musste ein Terrier viel Temperament und Eigenständigkeit mitbringen. Er wird daher von einer 20-Minuten-Runde um den Häuserblock in keinem Fall ausgelastet sein. Auch in Bezug auf die Erziehung spielt die Größe des Hundes keine Rolle, sowohl der kleine als auch der große Hund muss erzogen werden. Achten Sie bei der Auswahl also eher auf Charakter und Temperament als auf Größe.

RASSE- ODER MISCHLINGSHUND

Welche Rasse eignet sich am ehesten als Familienhund? Oder sollte man sich doch besser für einen Mischlingshund entscheiden? Mittlerweile gibt es über 400 verschiedene Hunderassen, sodass an dieser Stelle unmöglich alle aufgezählt und auf ihre Eignung als Familienhund überprüft werden können. Die einzelnen Rassen können jedoch bestimmten Rassegruppen zugeordnet werden, die dann einige gemeinsame Charaktereigenschaften aufweisen und so in Bezug auf Familientauglichkeit betrachtet werden können.

HERDENSCHUTZHUNDE
Hunde dieser Rassegruppe, wie z. B. der Kangal oder Pyrenäenberghund, sind nur sehr bedingt als Familienhund geeignet. Es sind keinesfalls die großen Teddybären, als die sie häufig wahrgenommen werden. Durch ihre große Selbstständigkeit haben sie in der Regel wenig Interesse an „sinnlosen Spielereien". Da sie ursprünglich zum Bewachen und Beschützen der Herden gezüchtet wurden, wird die Haltung in einer Familie oft zum Problem, wenn fremde Kinder zu Besuch kommen. Dann wird das territoriale Verhalten oft auf die eigenen Kinder bezogen und fremde Kinder werden nicht auf das Grundstück gelassen oder bei Tobereien gemaßregelt.

HAUS- UND HOFHUNDE
Hunde dieser Rassegruppe, wie z. B. der Hovawart oder der Große Schweizer Sennenhund, sind nur bedingt als Familienhund geeignet. Der Hovawart trägt die Eigenschaften dieser Rassegruppe bereits in seinem Namen, „Hova" = Hof und „wart" = Wächter, der Hofwächter. Haus- und Hofhunde wurden jahrzehntelang dafür gezüchtet, Haus und Hof zu bewachen. Sie liegen den ganzen Tag auf dem Hof und melden Besucher, die sich diesem nähern. Bekannte werden problemlos ins Haus gelassen, Fremden wird der Zutritt durchaus rigoros verweigert. Somit sind Hunde dieser Rassegruppe sehr

selbstständig und haben daher in der Regel wenig Interesse an „sinnlosen Spielereien". Auch bei diesen Hunden kann es schnell problematisch werden, wenn fremde Kinder zu Besuch kommen. Dann wird das territoriale Verhalten oft auf die eigenen Kinder bezogen und fremde Kinder werden nicht auf das Grundstück gelassen oder bei Tobereien gemaßregelt.
GEEIGNET BIS BEDINGT GEEIGNET: Landseer, Neufundländer, Hovawart, Riesenschnauzer, Großer Schweizer Sennenhund, Bernhardiner

NORDISCHE HUNDE UND HUNDE VOM URTYP
Hunde dieser Gruppe, wie z. B. der Husky oder Alaskan Malamut, sind sehr ursprüngliche und selbstständige Hunde, die an Spielereien kaum interessiert sind, und daher ebenfalls als Familienhunde nur sehr bedingt geeignet sind. Sie zeigen häufig dennoch ausgeprägtes Jagdverhalten, weshalb ein Freilauf oft nicht möglich ist. Diese Hunde müssen ausreichend und ihrer Rasse entsprechend beschäftigt werden, was im Familienalltag kaum gewährleistet werden kann.
GEEIGNET BIS BEDINGT GEEIGNET: Siberian Husky, Islandhund, Samojede, Alaskan Malamute

Der Große Schweizer Sennenhundrüde Sid gehört zur Gruppe der Haus- und Hofhunde.

HÜTEHUNDE

Viele Hunde dieser Rassegruppe, wie z. B. der Australian Shepherd, sind nur bedingt als Familienhund geeignet, da sie oft zu reizempfänglich und sensibel sind. Schnell sind sie überfordert, wenn eine Horde Kinder durch das Haus tobt und zeigen rassetypische Hüteeigenschaften, indem die Kinder laut bellend umkreist werden. Für den Hund bedeutet ein solches Leben täglichen Stress! Sollen Hunde dieser Rassen als Familienhund angeschafft werden, muss daher auf eine gute Zucht geachtet werden. Genauso wie bei Jagdhunden muss bei Hunden aus Arbeitslinien ein Augenmerk auf die Ausgeglichenheit der Hunde gelegt werden. Zudem sind diese Hunde generell eher bellfreudig. Überlegen Sie sich gut, ob Sie mit einem Hund, der sich bei Aufregung direkt lautstark äußert, gut leben können, gerade auch in Bezug auf Ihre Nachbarschaft. Weiterhin reagieren sie schnell sensibel und empfindlich, wenn ein Kind ungeschickt auf Rute oder Pfoten tritt und meiden das Kind dann häufig.
GEEIGNET BIS BEDINGT GEEIGNET: Bearded Collie, Border Collie, Collie, Shetland Sheepdog (Sheltie), Tibet Terrier, Australian Shepherd, Deutscher Schäferhund, Weißer Schweizer Schäferhund

TREIBHUNDE

Viele Hunde dieser Rassegruppe, wie z. B. der Australian Cattle Dog oder der Entlebucher Sennenhund, sind nur bedingt als Familienhund geeignet. Genauso wie die Hütehunde sind Treibhunde darauf gezüchtet, eine Herde zusammenzuhalten, beim Treibhund kommt noch das aktive Treiben der Herde hinzu. Um Kühe vorwärts zu bekommen, muss ein Treibhund durchaus auch einmal aktiv eingreifen und der Kuh in die Fesseln beißen. Leichte Tritte und Rempler dürfen ihn dabei nicht beeindrucken. Daher sind Treibhunde in der Regel robuster als Hütehunde, sie lassen sich also auch vom ungeschickten Kleinkind nicht so schnell aus der Ruhe bringen. Allerdings muss man beim Treibhund gerade in Bezug auf die Beißhemmung (siehe S. 95) besonders sorgfältig trainieren, da er sonst schnell einmal bei dynamisch tobenden Kindern in die Beine beißt, um für Ordnung zu sorgen. Zudem sind sie stark territorial und melden fremde Personen sehr deutlich.
GEEIGNET BIS BEDINGT GEEIGNET: Welsh Corgi Cardigan / Pembroke, Rottweiler, Berner Sennenhund, Entlebucher Sennenhund, Appenzeller Sennenhund, Bouvier des Flandres

Wenn ein Hund die eigenen Kinder im Garten bewacht, sind die Eltern gefragt! Der Hund sollte diese Aufgabe nicht selbstständig übernehmen dürfen, sonst sind Probleme vorprogrammiert.

TERRIER

Terrier, wie z. B. der Jack Russel Terrier, gehören zur Gruppe der Solitärjäger. Sie wurden ursprünglich z. B. für die Jagd nach dem Fuchs oder auf Ratten eingesetzt. Daher sind sie eher selbstständige Hunde, die eine sehr niedrige Reizschwelle haben und schnell einmal aus der Haut fahren. Im Kampf gegen Fuchs und Ratten mussten sie aber durchaus auch beherzt zupacken können. Kinder werden von ihnen daher schnell mit einem Zwicken korrigiert. Problematisch wird es vor allem häufig dadurch, dass Kinder den kleinen Hund nicht wirklich ernst nehmen. Sie finden ihn niedlich, sehen in ihm eher ein Spielzeug. Der Versuch, in das Kleidchen der Puppe gesteckt zu werden, wird der Terrier jedoch mit einer deutlichen Ansage an das Kind unterbinden. Terrier sind daher nur sehr bedingt als Familienhund geeignet.

GEEIGNET BIS BEDINGT GEEIGNET: West Highland White Terrier, Cairn Terrier, Welsh Terrier, Border Terrier, Foxterrier, Airedale Terrier, Parson Russell Terrier, Jack Russell Terrier

GEMEINSCHAFTSJÄGER

Gemeinschaftsjäger, wie z. B. der Golden oder Labrador Retriever oder ursprünglich auch der Pudel, eignen sich in der Regel gut als Familienhund. Hunde dieser Rassegruppe sind lern- und spielfreudig, sie haben zuchtbedingt ein starkes Interesse daran, mit dem Menschen zusammenzuarbeiten. Diese Jagdhunde wurden z. B. für die Jagd auf Enten gezüchtet. Dabei müssen sie oft stundenlang ruhig neben dem Jäger sitzen und warten, bis dieser sie dann ins Wasser schickt, um die geschossenen Enten zu apportieren. Sie müssen sich vom Jäger mit kleinsten Signalen lenken lassen. Die Reizschwelle dieser Hunde ist daher relativ hoch, denn wer auf der Jagd ruhig auf seinen Einsatz warten muss, darf sich nicht schnell aufregen.

Bei der Gruppe der Vorstehhunde, die auch zu den Gemeinschaftsjägern gehören, gelten die genannten Eigenschaften ebenfalls. Da diese Hunde jedoch nicht nur für die Arbeit nach dem Schuss,

Beim Zerrspiel muss der Terrier die Beißhemmung erlernt haben und auf das Signal „Aus" sofort reagieren.

sondern auch zum Aufstöbern des Wildes gezüchtet wurden, bringen sie zum einen eine viel größere Selbstständigkeit mit, zum anderen darf die Leidenschaft zur Jagd nicht unterschätzt werden. Hat man daher keine Möglichkeit, den Hund jagdlich zu führen, sollte man als Familienhund besser von diesen Rassen Abstand nehmen.

GEEIGNET BIS BEDINGT GEEIGNET: Labrador Retriever, Golden Retriever, Flat Coated Retriever, Pudel, Magyar Vizsla, Irish Setter, Münsterländer, Deutsch Kurzhaar, Deutsch Langhaar

Lilyen liebt Apportierspiele mit Kindern. Geduldig sitzt sie und wartet auf das Startsignal.

LAUF- UND MEUTEHUNDE

Hunde dieser Rassegruppe, wie z. B. alle Bracken, sind nur bedingt als Familienhund geeignet. Lauf- und Meutehunde haben, wie der Name es schon sagt, in der Regel ein großes Laufbedürfnis. Sie brauchen daher wirklich ausreichend Auslauf! Freilauf ist aber oft ein großes Problem, da es spezialisierte Jagdhunde mit einer sehr guten Nase sind. Kaum von der Leine geht die Nase nach unten, die Spur wird aufgenommen und ausdauernd und gern auch kilometerweit verfolgt. Dabei macht es dem Hund nichts aus, dass er sich weit von seiner Familie entfernt.

In Haus und Garten sind diese Hunde zwar in der Regel sehr angenehm, da sie sehr sozial sind und zudem kaum territoriale Eigenschaften haben. Auch auf Spielaufforderungen wie ein Ballspiel gehen sie im Garten meist gern ein.

Lediglich in Bezug auf Futter ist Vorsicht geboten. Hier verstehen sie oftmals keinen Spaß, einmal ergatterte Nahrung kann bis aufs Blut verteidigt werden.

GEEIGNET BIS BEDINGT GEEIGNET: Beagle, Basset, Bloodhound, Bracken (z. B. Deutsche Bracke, Tiroler Bracke)

WINDHUNDE

Windhunde, wie z. B. der Whippet oder der Afghanische Windhund, eignen sich bedingt als Familienhund. Sie brauchen ähnlich wie die Lauf- und Meutehunde viel Auslauf, haben in der Regel im Gegensatz zu diesen aber meist kein großes Interesse am Verfolgen von Spuren. Als sogenannte Sichthetzer reagieren sie eher auf plötzliche Reize, wie z. B. ein weglaufendes Kaninchen, das dann ausdauernd und vor allen Dingen sehr schnell verfolgt werden kann. Ein Freilauf kann daher oft auch nur mit viel Training der Impuls-Kontrolle (S. 73 ff.) erfolgen. Diese Hunde müssen lernen, sich bei plötzlichen Reizen zu beherrschen. Für spielerische Aktivitäten sind sie daher bedingt zu haben, das Spiel mit der Reizangel eignet sich für diese Hunde perfekt.

Allerdings sind Windhunde häufig sehr sensibel und aus diesem Grund gerade für kleine Kinder oder Familien mit vielen Kindern, wo es oft sehr turbulent zugehen kann, eher nicht geeignet.

GEEIGNET BIS BEDINGT GEEIGNET: Afghanischer Windhund, Whippet, Greyhound, Italienisches Windspiel, Irischer Wolfshund, Deerhound

Laufhunde können wegen ihrer Jagdleidenschaft häufig nicht ohne Leine laufen.

Whippet-Rüde Desmond hat wie alle Windhunde Spaß am Verfolgen von Beute.

Auch Gesellschaftshunde möchten gern beschäftigt werden. Sie lieben alle Spiele, die sie mit ihrem Menschen zusammen durchführen können.

GESELLSCHAFTS- UND BEGLEITHUNDE

Hunde dieser Rassegruppe, wie z. B. der Havaneser oder Malteser, eignen sich, wenn sie nicht zu klein sind, in der Regel gut als Familienhund. Da diese Hunde zu keinem speziellen Zweck gezüchtet wurden, sind sie in der Regel sehr ausgeglichen und gelassen, sie haben meist wenig Jagdtrieb und kaum territoriale Eigenschaften. Sie sind offen für Spielereien und Beschäftigungsformen mit dem Menschen. In der Zucht wurde Wesensmerkmalen wie Freundlichkeit und Unempfindlichkeit besondere Bedeutung zugemessen.

GEEIGNET BIS BEDINGT GEEIGNET: Coton de Tulear, Kromfohrländer, Havaneser, Bologneser, Malteser, Papillon, Mops (auf gute Zucht bzw. längere Nase achten!)

Auch wenn an dieser Stelle einige Rassegruppen als Familienhund eher ausgeschlossen wurden, heißt das nicht, dass man bei diesen nicht doch einen als Familienhund geeigneten Hund finden kann. Denn auch wenn bei Hunden durch Zuchtauswahl bestimmte Rasseeigenschaften verstärkt wurden, muss ein Hund doch immer individuell betrachtet werden. Und so gibt es natürlich den entspannten Australian Shepherd, der kaum Hüteeigenschaften besitzt und sich hervorragend in die Familie integriert. Gerade wenn Sie sich daher für eine eher nicht als Familienhund geeignete Rassegruppe interessieren, ist es wichtig, sich den Züchter und dessen Hunde genau anzuschauen, bzw. die Elterntiere in Bezug auf die kritischen Eigenschaften genau unter die Lupe zu nehmen und zu testen.

Rassen, die sich als Familienhunde eignen

Einige Rassen eignen sich besonders gut als Familienhunde, da sie die bereits aufgezählten wünschenswerten Eigenschaften häufig rassebedingt mit sich bringen.

GOLDEN RETRIEVER

Der Golden Retriever ist ein mittelgroßer Hund mit mittellangem glattem bis welligem Fell, die Farbe variiert von Gold- bis Cremefarben.

Der Golden Retriever hat ein ausgeglichenes Temperament. Er ist lebhaft und fröhlich und passt sich allen Alltagssituationen an. Er ist für Beschäftigungsformen zusammen mit seinem Menschen immer zu begeistern, ganz besonders liebt er natürlich das Apportiertraining. Der Golden Retriever integriert sich gut in das Familienleben, er will immer mit seinen Menschen zusammen sein und an allen Aktivitäten teilhaben.

LABRADOR RETRIEVER

Der Labrador Retriever ist ein mittelgroßer Hund mit kurzem, glattem Fell. Es gibt ihn in drei Fellfarben: Schwarz, Braun und Gelb. Die Farbe Gelb kann dabei von einem hellen Gelb bis zu dunkelgelbem Rot („Foxred") variieren.

Er ist ein aktiver und arbeitsfreudiger Hund mit ausgeglichenem Temperament. Der Labi ist freundlich und möchte immer mit seinen Menschen zusammen sein. Daher passt er sich problemlos dem Alltag einer Familie an. Er lässt sich für alles begeistern, auch wenn seine Passion natürlich im Apportieren liegt.

BOXER

Der Boxer ist ein mittelgroßer Hund mit kurzem Fell, in Farbvarianten von Hellgelb bis Dunkelhirsch-rot. Dabei darf das Fell auch dunkel oder schwarz gestromt sein. Ohren und Rute werden naturbelas-sen, Kupieren ist heute in fast ganz Europa verboten.

Der Boxer hat ein ausgeglichenes Temperament mit guter Nervenstärke. Er ist sehr anhänglich gegenüber seiner Familie, weshalb er gern bei allen Aktivitäten dabei sein möchte und sich gut als Familienhund eignet. Zugleich ist er aber auch wach-sam und zeigt an, wenn Fremde das Grundstück der Familie betreten.

PUDEL

Pudel gibt es in vier verschiedenen Größen, als Groß-, Klein-, Zwerg- und Toypudel, wobei der letztgenannte aufgrund seiner geringen Größe als Familienhund eher nicht in Frage kommt. Das Fell ist dicht und gekräuselt. Da der Pudel nicht haart, muss er regelmäßig geschoren werden. Es gibt Pudel in vielen verschiedenen Farben.

Pudel sind sehr am Menschen interessiert und lassen sich für alle Beschäftigungsformen be-geistern. Zudem sind sie von ausgeglichenem Temperament, so dass sie als Familienhund ideal geeignet sind.

LANGHAAR-COLLIE

Der mittelgroße Langhaar-Collie hat mittellanges Fell mit weicher Unterwolle. Es gibt ihn in drei Farbvarianten: Zobel-Weiß (sable-white), Tricolor (überwiegend schwarz-weiß mit tan) und Bluemerle. Das längere Fell muss regelmäßig gebürstet werden, damit es nicht verfilzt.

Der Langhaar-Collie ist ein sensibler Hund mit ausgeglichenem Temperament. Er ist sehr lernwillig, weshalb er für viele verschiedene Beschäftigungsformen zu begeistern ist. Als Hütehund möchte er am gesamten Leben der Familie teilhaben.

BEARDED COLLIE

Der Bearded Collie ist ein mittelgroßer Hund mit langem Fell in Farbschattierungen von Blau und Braun. Das Fell muss regelmäßig gebürstet werden, damit es nicht verfilzt.

Der Bearded Collie hat ein lebhaftes, aber dennoch ausgeglichenes Temperament. Er ist unternehmungslustig und lässt sich auf jede Aktivität mit seinem Menschen ein. Sehr häufig wird die Freude über die gemeinsame Aktivität in lebhaftem Gebell ausgedrückt. Der sensible Bearded Collie achtet sehr auf seine Menschen und ist bei ausreichend Beschäftigung als Familienhund sehr gut geeignet.

HAVANESER

Der Havaneser ist ein kleiner Hund mit sehr langem, glattem oder gewelltem Fell. Die Farbe ist selten vollständig reinweiß; verschiedene Tönungen von hellfalbfarben bis havanafarben sind möglich. Das lange Fell muss oft gebürstet werden, damit es nicht verfilzt.

Der Havaneser ist ein lebhafter und fröhlicher Hund mit ausgeglichenem Temperament, der am liebsten immer im Mittelpunkt des Familienlebens steht. Dabei ist er stets für jeden Blödsinn zu haben, aufgrund seiner Lernfreudigkeit kann man ihm viele Tricks und Kunststücke beibringen.

MALTESER

Der kleine Malteser hat sehr langes, seidiges Fell, das ausschließlich von weißer Farbe sein darf. Das lange Fell muss oft gebürstet werden, damit es nicht verfilzt.

Der Malteser ist ein agiler Hund mit ausgeglichenem Temperament. Er ist sehr anhänglich gegenüber seiner Familie und passt sich an das jeweilige Lebensumfeld problemlos an. Aufgrund seiner Lernfreude eignet er sich sehr gut als Familienhund, der gern beschäftigt werden möchte. Als eher kleinerer Hund eignet er sich nicht so gut für Familien mit Kleinkindern.

MISCHLINGSHUND

Um Mischlinge ranken sich viele Mythen. Mischlinge sollen gesünder sein, sie sollen robuster, unempfindlicher, ausgeglichener und überhaupt einfach einzigartig sein. Sind also nicht Mischlinge eigentlich die idealen Familienhunde?

Eines sind sie in jedem Fall: einzigartig. Denn kein Mischling gleicht dem anderen, alle sehen anders aus.

Doch warum sollte z.B. ein Mischling aus einem Deutschen Schäferhund und einem Labrador Retriever gesünder sein? Beide Rassen neigen zu der Gelenkskrankheit Hüftgelenksdysplasie (HD), bei der das Hüftgelenk fehlgebildet ist, wodurch es zu starker Lahmheit kommen kann. Wenn jetzt die Labrador Retriever-Hündin, die an starker HD leidet, mit einem ebenfalls an HD erkrankten Schäferhund-Rüden verpaart wird, ist die Wahrscheinlichkeit auf gesunde Welpen eher gering. Ob ein Mischling gesund ist oder nicht, hängt also – genauso wie beim Rassehund – davon ab, wie krank oder gesund die Eltern – sowie weitere Ahnen – sind bzw. waren. Daher ist es wichtig, bei der Verpaarung von zwei Hunden so viel wie möglich über die Gesundheit der Eltern sowie Großeltern, Urgroßeltern etc. zu wissen. Nur so besteht die Chance, möglichst gesunde Hunde zu bekommen.

In Bezug auf den Charakter wird ein Labrador-Schäferhund-Mischling vermutlich sogar recht temperamentvoll sein. Denn auch beim Charakter spielen die von den Elterntieren vererbten Veranlagungen eine Rolle. Da sowohl der Deutsche Schäferhund als auch der Labrador Retriever aktive Rassen sind, werden Labrador-Schäferhund-Mischlingswelpen also eher nicht phlegmatisch werden. Es ist daher wichtig, die Eltern und deren Verhalten bzw. deren Eigenschaften zu kennen, um zu wissen, in welche Richtung sich ein Mischlingswelpe später einmal entwickeln wird. Gerade bei Mischlingswelpen, deren Eltern selbst schon bunt gemischt waren, wird die Rassebestimmung jedoch schwer.

Daher ist ein Mischlingswelpe im Grunde genommen wie eine Überraschungstüte: Es kann alles Mögliche drin sein! Gerade in Bezug auf Mischlingshunde muss der Kauf eines Welpen als Familienhund daher gut bedacht werden. Natürlich können Mischlingshunde genauso tolle Familienhunde sein wie Rassehunde.

Beim Kauf eines erwachsenen Hundes fallen die Probleme durch die nicht bekannten Rassen und deren Eigenschaften auch nicht mehr ins Gewicht, da der Hund bereits ausgewachsen ist und so eindeutig in Bezug auf seinen Charakter und seine Eigenschaften getestet werden kann.

Jeder Mischling sieht anders aus! Ob lange oder kurze Haare, Steh- oder Schlappohren, einfarbig oder bunt.

Der vier Monate alte Labrador Retriever Raven muss das Apportieren erst lernen, bevor Kinder dies mit ihm durchführen können.

WELPE ODER ERWACHSENER HUND

Bei der Frage, ob Welpe oder erwachsener Hund ist für viele Familien klar: Ein Welpe muss es sein! Denn der ist so süß, so niedlich, so lieb, so kuschelig. Doch aufgepasst, ein Welpe ist genauso wie ein Kind ein noch nicht erwachsenes Lebewesen.

EIN WELPE SOLL ES SEIN …

Ein Welpe muss noch viel lernen, er muss erzogen werden. Das bedeutet also im ersten Jahr viel zusätzliche Arbeit! Man muss sich daher darüber im Klaren sein, ob man diese Zeit überhaupt aufbringen kann. Ein Welpe, der mit 8 Wochen vom Züchter kommt, muss z. B. spätestens alle 2 Stunden nach draußen, um sich zu lösen. Nur so lernt er, stubenrein zu werden. Haben Sie wirklich die Zeit, sich in den ersten Wochen intensiv auf das kleine Lebewesen zu konzentrieren? Natürlich schläft ein Welpe auch noch viel, doch wenn er wach ist, hat er ständig neue Ideen. Den Teppich anknabbern,

die Beete umgraben, die Fernbedienung ins Körbchen schleppen und genauestens untersuchen. Es gibt nichts, was vor einem Welpen und dessen kleinen, spitzen Zähnen sicher ist. Ein Welpe muss daher ständig beaufsichtigt werden. Zudem hat er noch nicht gelernt, allein zu bleiben. Sie müssen ihn gerade anfangs also immer mitnehmen, wenn

WICHTIG

Vorteile eines Welpen

Sie können den Welpen so erziehen, dass er alle wichtigen Dinge lernt, die im Zusammenleben mit Ihrer Familie von Bedeutung sind. Sie können Ihren Welpen auf die Umwelt prägen, in der er groß wird und darauf achten, dass er keine schlechten Erfahrungen macht, die zu Unsicherheiten oder gar aggressivem Verhalten führen könnten.

kein erwachsenes Familienmitglied zu Hause auf ihn aufpassen kann. Egal, ob Sie einkaufen oder ob die Kinder aus der Schule abgeholt werden müssen, alles muss organisiert und geplant werden. Ihr Welpe darf noch nicht so lange spazieren gehen, seine Knochen sind noch weich und im Wachstum. Daher fallen lange Spaziergänge und andere aktive Familienausflüge in der ersten Zeit zumindest weg. Auch die Kinder können mit einem Welpen noch nicht wirklich viel unternehmen.

Der Welpe muss erst einmal lernen, sich an den erwachsenen Menschen zu orientieren und ihnen zu vertrauen. Sie müssen ihm zunächst einmal seinen Namen sowie die wichtigsten Signale beibringen (siehe S. 62 ff.), bevor Ihr Kind in das Training miteinbezogen werden kann.

Dennoch hat die Anschaffung eines Welpen natürlich auch einige Vorteile. Der Welpe ist noch tapsig und unbeholfen und so fühlen sich gerade etwas unsichere Kinder wohler, wenn das neue Familienmitglied noch nicht auf Augenhöhe ist. Sie können sich an den kleinen Welpen in Ruhe gewöhnen und gemeinsam mit ihm aufwachsen.

„KINDERLIEB" IST NICHT ANGEBOREN

Allerdings gibt es diesbezüglich einen sehr wichtigen Punkt, der beachtet werden muss. Ihr Welpe ist nämlich, wenn er im Alter von 8 bis 10 Wochen vom Züchter kommt, kein unbeschriebenes Blatt mehr! Daher ist die Auswahl eines guten Züchters ungemein wichtig. Denn auch wenn Sie sich vielleicht für einen Golden Retriever entschieden haben, der von den Rasseeigenschaften her gute Voraussetzungen als Familienhund mitbringt, müssen Sie bedenken, dass „kinderlieb" keine angeborene Eigenschaft ist.

Wächst Ihr Golden Retriever-Welpe in einer Umgebung auf, in der er außer seinen Geschwistern und dem Stall, in dem die Welpen untergebracht sind, nichts kennenlernt, wird er kaum ein offener und menschenfreundlicher Hund werden. Sie sollten daher möglichst noch bevor die Welpen geboren werden, zum Züchter fahren und diesen und die

Welpen sollten bereits beim Züchter an unterschiedliche Reize gewöhnt werden.

Mutterhündin kennenlernen. Beobachten Sie die Hündin dabei genau. Ist diese Ihnen gegenüber offen und freundlich? Freut sie sich über Kontakt zum Menschen, lässt sie sich streicheln und anfassen? Wie geht der Züchter mit der Hündin um? Orientiert diese sich vertrauensvoll am Züchter? Dann sind die Voraussetzungen schon einmal gut!

Wenn die Welpen geboren sind, sollten Sie erneut, gern auch mehrfach, die Welpen besuchen. In der Regel ist dies etwa ab der vierten Woche möglich. Beobachten Sie die Welpen. Laufen diese freudig erregt auf Sie zu? Welche Reize lernen sie beim Züchter kennen? Fragen Sie ruhig nach, ein guter Züchter sollte Ihnen alle Ihre Fragen offen und ehrlich beantworten. Im Idealfall lernen die Welpen in der Zeit beim Züchter bereits Kinder unterschiedlichen Alters kennen. Der Züchter achtet dabei darauf, dass die Erfahrungen, die die Welpen mit den Kindern machen, ausschließlich positiv sind. Dazu leitet er die Kinder an und lässt diese nicht mit den Welpen allein.

WO FINDET MAN EINEN ERWACHSENEN HUND?

Zunächst einmal kann man sagen, dass ein erwachsener Hund im Vergleich zum Welpen in der Regel etwas weniger Arbeit bedeutet. Dies gilt natürlich nur dann, wenn Grunderziehung und Stubenreinheit bereits abgeschlossen sind. Natürlich muss sich auch ein erwachsener Hund erst einmal bei Ihnen einleben und neben Umgebung, Familienmitgliedern und sozialem Umfeld auch die bei Ihnen herrschenden Strukturen und Regeln kennenlernen. Dennoch wird man einen erwachsenen Hund meist schneller einmal für eine Zeit lang allein lassen können. Da er ausgewachsen ist, braucht man, außer bei einer bekannten körperlichen Einschränkung durch Behinderung oder Krankheit, keine große Rücksicht in Bezug auf Spaziergänge und aktive Ausflüge nehmen. Der erwachsene Hund kann Sie bereits vom ersten Tag an aktiv begleiten. Auch beim erwachsenen Hund sollten zumindest in den ersten Tagen Sie als Eltern das Training übernehmen. Schnell

werden Sie jedoch feststellen, welche Signale sicher funktionieren und bei welchen Trainingsformen und Aufgaben Sie Ihre Kinder somit direkt miteinbeziehen können.

Der entscheidende Vorteil des erwachsenen Hundes ist aber, dass dieser in Bezug auf seine Charaktereigenschaften und Wesensmerkmale bereits vollständig entwickelt ist. Wenn Sie einen erwachsenen Hund in die Familie aufnehmen möchten, setzen Sie sich am besten mit einem professionellen Hundetrainer in Verbindung. Dieser wird die ganze Familie kennenlernen wollen und dann in einem Vorgespräch herausfinden, welche Eigenschaften ein zu Ihnen ideal passender Hund haben sollte. Im nächsten Schritt nehmen Sie den Hundetrainer dann zur Einschätzung eines Hundes mit, der Ihnen in Bezug auf Größe/Rasse/Aussehen zusagt. Der Hundetrainer wird den Hund nun in verschiedenen Situationen testen und so herausfinden, ob Sie und Ihr Wunsch-Hund zusammen passen oder ob Sie sich besser doch noch einmal nach einem anderen Hund umschauen.

Natürlich heißt das nun nicht, dass ein erwachsener Hund wirklich „perfekt" sein muss, denn Hunde sind immer noch Lebewesen. Jeder Hund wird kleinere Eigenarten und Probleme haben. Wenn diese jedoch das Zusammenleben im Großen und Ganzen nicht belasten, können Sie entweder damit leben oder aber in Zusammenarbeit mit dem Hundetrainer an diesen kleineren Problemen arbeiten. Ein Hund ist eben kein Roboter, der auf Bestellung genauso funktioniert, wie man das als Mensch gern hätte.

HUND AUF BESTELLUNG?

Eines ist klar: Einen Hund kann man nicht „auf Bestellung" kaufen. Hunde sind keine Verkaufsobjekte, die Sie aus einem Katalog auswählen und dann per Knopfdruck bestellen. Lassen Sie daher bitte die Finger von Tierschutzorganisationen, die Ihnen einen Hund via Internet vermitteln wollen.

Einen erwachsenen Hund sollten Sie von einem erfahrenen Hundetrainer einschätzen lassen.

Hunde aus dem Ausland können tolle Familienhunde sein. Lernen Sie den Hund vor der Aufnahme erst persönlich kennen, um einschätzen zu können, ob er zu Ihnen und Ihrer Familie passt.

Hunde werden hier im Internet präsentiert, oft mit Fotos, die großes Mitleid beim Betrachter hervorrufen. Hunde hinter Gittern, in Käfigen, ohne Decken und Spielzeug, oftmals abgemagert und mit großen Augen in die Kamera blickend. Wer möchte da nicht direkt helfen? Die Beschreibung der Hunde hört sich oft auch ähnlich an: *„Senta, von allen allein gelassen, freut sich über jedes gute Wort und möchte endlich ihre eigene Familie haben. Sie ist ein freundlicher Hund, der für jede Aufmerksamkeit dankbar ist."* Sie merken schon, eine wirkliche Charakterbeschreibung ist das nicht. Problematisch ist hierbei, dass Sie keine Möglichkeit haben, zu überprüfen, inwieweit eine Beschreibung mit dem tatsächlichen Wesen des Hundes zusammenpasst, denn die Hunde befinden sich häufig noch im Ausland und werden erst eingeflogen, wenn sie „bestellt" werden. Natürlich kann es auch gut gehen und der Hund ist wirklich wie beschrieben

eine Seele von Hund und wird der Augenstern Ihrer Familie. Doch was ist, wenn es nicht so läuft? Was machen Sie, wenn der Hund einen vollkommen anderen Charakter hat und überhaupt nicht zu Ihnen, Ihrer Familie und dem Leben, das Sie führen, passt? Die Einschränkungen mit einem ängstlichen oder aggressiven Hund können gravierend sein. Und wenn sie dann noch ihr Familienleben um die Problematik ihres neuen Hundes herumbasteln müssen, stoßen viele Familien an ihre Grenzen. Letztendlich bedeutet es irgendwann, dass der Hund weg muss. Diese Trennung ist dann meist für alle ein großes Drama. Für die Kinder, die nicht verstehen, dass man den zwar schwierigen, aber doch inzwischen lieb gewonnenen Hund einfach so weggibt, da er doch längst ein Familienmitglied geworden ist. Und erst recht natürlich für den Hund. Zurück in sein Land kann er nicht mehr, und so landet er dann in aller Regel im Tierheim.

HUNDE AUS DEM TIERHEIM

Nutzen Sie das Internet bei der Suche nach Ihrem neuen Hund daher am besten nur, um die Adressen der Tierheime in Ihrer Nähe herauszufinden. Hier in Deutschland leben so viele Hunde im Tierheim, die auch ein neues Zuhause haben möchten. Der Vorteil dabei ist, dass Sie den Hund besuchen und kennenlernen können. Sie können mit ihm probeweise spazieren gehen und ihn vielleicht sogar schon einmal für einige Stunden mit nach Hause nehmen oder ihn in unterschiedlichen Situationen vom Hundetrainer testen lassen. Beziehen Sie dabei die ganze Familie mit ein, denn so merken Sie, ob sich Ihre Kinder mit dem neuen Familienmitglied wohlfühlen. Denn darin besteht eigentlich die größte Gefahr bzw. der größte Nachteil bei der Aufnahme eines erwachsenen Hundes. Gerade eher ängstliche Kinder haben oft Probleme, sich an einen erwachsenen Hund zu gewöhnen. Schauen Sie sich daher ruhig unterschiedliche Hunde an. So stellen Sie schnell fest, ob Ihr Kind sich eher bei kleinen oder großen Hunden, bei kurz- oder langhaarigen, bei dunklen oder hellen oder bestimmten Rassegruppen entspannt bzw. sich unsicher verhält. Im Tierheim finden Sie Mischlinge jeder Größe und Farbe, aber natürlich auch immer wieder einmal einen Rassehund.

RASSEHUNDE IN NOT

Falls Sie gezielt einen erwachsenen Hund einer bestimmten Rasse suchen, können Sie wiederum im Internet recherchieren. Denn auch Rassehunde verlieren natürlich immer wieder einmal ihr Zuhause, sei es, weil die Halter sich trennen, Herrchen oder Frauchen sterben oder so krank werden, dass sie ihren Hund nicht mehr versorgen können, oder ein Berufs- oder Wohnungswechsel ansteht. Für fast jede Rasse gibt es mittlerweile Organisationen, die sich für in Not geratene Rassehunde einsetzen. Diese Hunde leben dann meist übergangsweise in einer Pflegestelle, und können dort genauso wie ein Hund im Tierheim, besucht, kennengelernt und eingeschätzt werden.

TIERSCHUTZVEREINE MIT PFLEGESTELLEN

Bevor Sie nun also auf Züchtersuche gehen, schauen Sie sich doch einfach einmal nach einem erwachsenen Hund um, der ein neues Zuhause sucht. Es gibt so viele tolle Hunde in Tierheimen und in Pflegestellen im Tierschutz, die als Familienhund geeignet sind!

Anstatt sich direkt einen eigenen Hund anzuschaffen, können Sie auch selbst Pflegestelle werden. Vielleicht sind Sie sich noch nicht sicher, welcher Hund in Ihre Familie einziehen soll oder ob ein Hund generell in Ihre Familie passt? Viele Tierschutzvereine suchen Menschen, die Hunden übergangsweise eine Pflegestelle bieten. Diese Hunde leben dann eine Zeitlang in der Pflegefamilie, bis sich jemand gefunden hat, der sie aufnehmen und ihnen ein dauerhaftes Zuhause bieten möchte. Der Hund lebt dabei wie ein eigener Hund in der Familie, die Kosten für die Versorgung und tierärztliche Betreuung übernimmt dabei jedoch meist der jeweilige Tierschutzverein. Sie betreuen den Hund und bereiten ihn auf das spätere Leben in einer Familie vor. Natürlich sollten Sie bei der Auswahl des Pflegehundes auch darauf achten, dass der Hund grundsätzlich zu Ihnen und Ihrer Familie passt. Überlegen Sie daher gut, mit welchen Eigenschaften Ihres zukünftigen Pflegehundes Sie leben können und welchen Charakter bzw. welche Probleme der Pflegehund keinesfalls mitbringen sollte. Aus diesem Grund wird eine seriöse Tierschutzorganisation auch vorab Sie und Ihre Familie sowie das Wohnumfeld kennenlernen wollen, bevor sie einen Hund in Ihre Obhut gibt, denn der Hund verbleibt ja im Besitz der Tierschutzorganisation, diese ist somit weiterhin für alles rund um den Pflegehund verantwortlich. Allerdings sollten Sie vorab prüfen, ob Sie als Pflegestelle geeignet sind. Denn natürlich müssen Sie den Hund auch gehen lassen, wenn ein geeignetes Zuhause für ihn gefunden wurde. Oft läuft es dann jedoch ganz anders... Viele Hunde, die als Pflegehund eingezogen sind, haben sich heimlich in das Herz ihrer Pflegefamilie geschlichen und durften dann dauerhaft bleiben.

ENTSCHEIDUNG FÜR EINEN SENIOR

An dieser Stelle möchte ich Ihnen noch die Senioren ans Herz legen. Leider verlieren nicht nur junge Hunde immer wieder einmal ihr Zuhause, in vielen Tierheimen und Tierschutzorganisationen warten Hundesenioren auf ihre neue Familie, manche oftmals länger als ihr halbes Leben. Leider werden diese häufig „übersehen". Ein alter Hund von 11 oder 12 Jahren ist einfach nicht attraktiv genug. Er ist nicht mehr so fit und dynamisch wie ein junger Hund, hat vielleicht schon leichte gesundheitliche Probleme und wird die Familie natürlich nicht eine so lange Zeit begleiten, wie – wenn alles gut geht – ein junger Hund. Doch gerade für Familien kann ein alter Hund ein wunderbarer Familienhund sein. Alte Hunde sind in der Regel genügsamer und gelassener. Sie sind auch einmal mit weniger Beschäftigung zufrieden, brauchen keine ständige Animation. Sie können viele Dinge schon einschätzen und regen sich nicht mehr so schnell auf. Natürlich wird die Zeit mit einem alten Hund eher begrenzt sein. Aber gibt es etwas Schöneres als den Blick in weise alte Augen, die einen dankbar anschauen? Einer grauen Schnauze noch ein paar schöne letzte Jahre zu bereiten, bereichert das Leben mit Sicherheit!

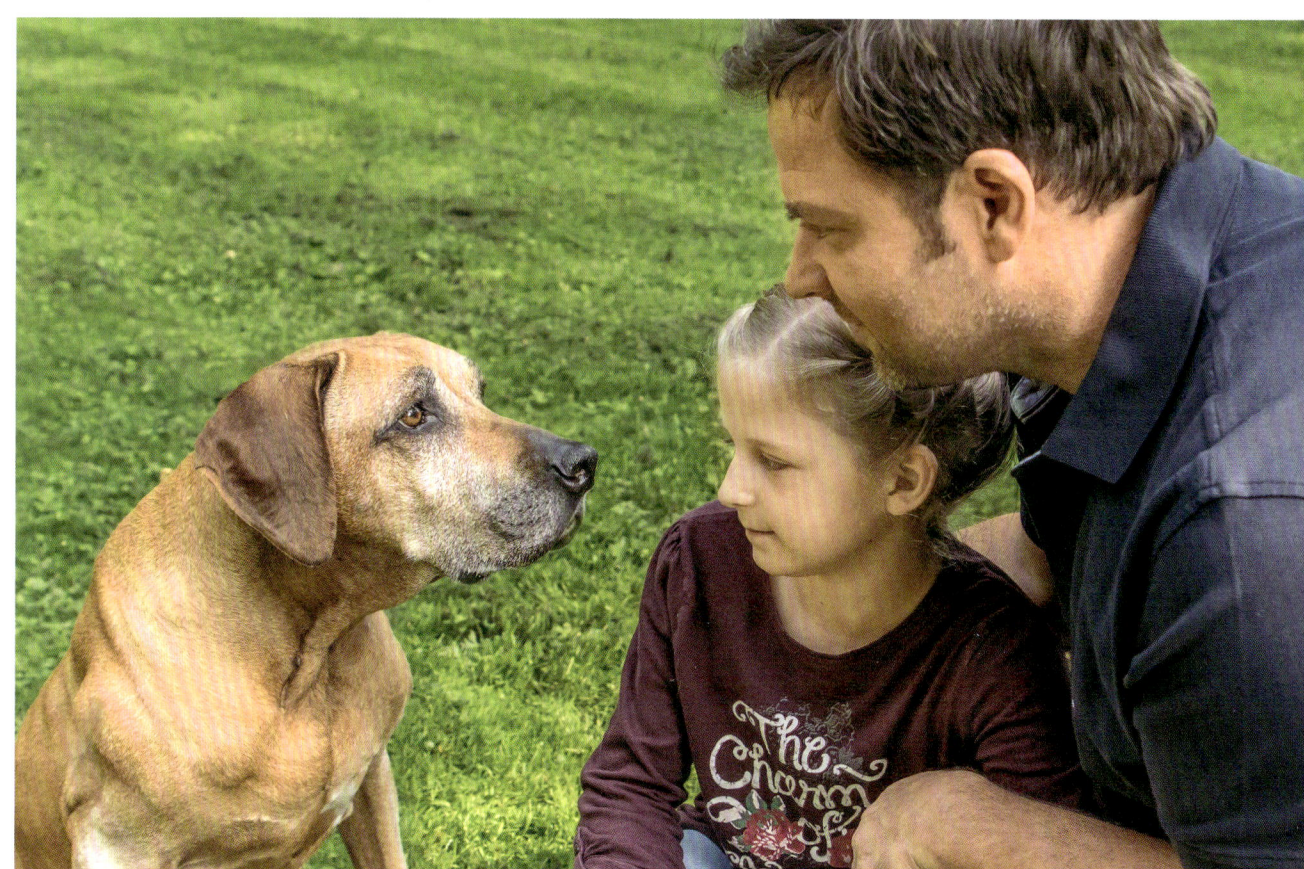

Rhodesian Ridgeback-Hündin Abbey gehört bereits zu den Hundesenioren. Sie ist gern mit Martin und Marleen zusammen, hat jedoch keine Lust mehr auf sportliche Aktivitäten.

Alltag mit Familienhund

Die Aufregung ist groß, wenn das neue Familienmitglied ankommt. Ganz wichtig ist nun, dass Eltern und Kinder dem Hund Zeit geben, sich einzugewöhnen.

Wie bereits beschrieben, tragen die Eltern die Hauptverantwortung für den Hund. Selbst wenn Ihre Kinder schon älter sind und in die Erziehung und Versorgung des Hundes stärker mit eingebunden werden sollen, sind in den ersten Tagen Sie als Erwachsene für den Hund zuständig. Dies gilt umso mehr, wenn ein Welpe in die Familie einzieht.

Überlegen Sie daher vorab genau, welche Aufgaben anstehen und wieweit Sie Ihre Kinder in diese mit einbeziehen können. In den ersten Tagen werden Sie die Aufgaben wie z. B. Fütterung, Pflege oder Spaziergang vollständig übernehmen, Ihre Kinder dürfen dabei zuschauen. Beobachten Sie, wie sich Ihr neuer Hund verhält und ob eventuell Probleme zu erwarten sind. Zeigt ein Hund z. B. Unsicherheiten oder aggressives Verhalten bei der Fütterung, wird diese Aufgabe auch weiterhin in Ihrem Verantwortungsbereich bleiben. Verhält sich Ihr Hund jedoch entspannt, können Sie nach und nach Ihre Kinder aktiv in die anstehenden Aufgaben miteinbeziehen und ihnen – je nach Alter und Möglichkeiten – diese zum Teil auch ganz übertragen. Dazu können Sie dann z. B. einen Plan erstellen, auf dem Sie gut sichtbar für alle Familienmitglieder festhalten, wer für welche Aufgaben zu

welchem Zeitpunkt zuständig ist. So gibt es gerade bei mehreren Kindern im Nachhinein auch keinen Streit, denn gerade zu Beginn möchte vermutlich jedes Ihrer Kinder möglichst viele Aufgaben rund um das neue Familienmitglied übernehmen.

Maja hat von Beginn an kleine Aufgaben bei der Erziehung des sechs Monate alten Keks übernommen.

Die ersten Übungen im neuen Zuhause

DEN NAMEN LERNEN

Die erste Erziehungsübung wird beim Welpen, unter Umständen aber auch beim erwachsenen Hund, die Gewöhnung an den Namen sein. Diese Aufgabe bleibt ausschließlich den Eltern vorbehalten. Denn hört der Hund 200-mal am Tag seinen Namen, weil das Kind so aufgeregt ist, dann aber nicht wirklich etwas Tolles für den Hund passiert,

Australian Shepherd-Hündin Grace reagiert gut auf ihren Namen und schaut Corinna sofort an.

wird dieser in Bezug auf seinen Namen sozusagen „desensibilisiert". Er lernt, dass dieses Wort offensichtlich keine besondere Bedeutung für ihn hat. Ihr Hund soll mit seinem Namen aber eigentlich verknüpfen: „Achtung, DU bist gemeint, gleich kommt etwas, das für dich von Bedeutung ist!"

Damit Ihr Hund seinen Namen lernt, beginnen Sie das Training in einer ruhigen und ablenkungsfreien Umgebung. In einem Augenblick, in dem Ihr Hund Sie gerade nicht anschaut, aber auch nicht vollkommen vertieft mit einer anderen Sache beschäftigt ist, sprechen Sie ihn mit seinem Namen an. Er wird Sie daraufhin interessiert anschauen, was Sie sofort mit einer tollen Belohnung bestätigen müssen. Dabei ist es egal, ob Sie Ihrem Hund nun ein Futterstück geben, ob Sie mit ihm ein tolles Spiel mit einem Gegenstand beginnen oder einfach zur Belohnung nur mit ihm schmusen.

DIE WICHTIGSTEN SIGNALE

Damit Sie Ihren Hund in den Alltag mit Kind und Hund gut integrieren können, gibt es einige Signale, die er in jedem Fall beherrschen sollte. Er sollte lernen, eine wartende Position einzunehmen und an Ort und Stelle zu bleiben, bis Sie das Signal wieder auflösen. Zudem muss er lernen, auf ein Signal, wie z. B. das Wort „Hier" oder einen Pfiff, sofort zu Ihnen zu kommen. Bei einem Welpen übernehmen dabei auch Sie als Eltern das Training dieser Signale.

Ist Ihr Hund bereits erwachsen, probieren Sie einfach einmal aus, inwieweit er auf die Signale „Sitz", „Platz", „Bleib" oder „Hier" bereits reagiert. Kennt er diese nicht, beginnen Sie das Training genauso wie mit einem Welpen. Führt er die Signale aber schon sicher aus, können Sie Schritt für Schritt die Ablenkung steigern und in schwierigeren Situationen trainieren. In diesem Fall kann auch Ihr Kind bereits in das Training mit eingebunden werden (siehe Kapitel 4).

SITZ

Beginnen Sie das Training in einem Augenblick, in dem Ihr Hund sich in Ihrer unmittelbaren Nähe befindet und auf Sie aufmerksam ist. Halten Sie nun ein Futterstück in Ihrer Hand, sodass Ihr Hund nicht direkt drankommt. Lassen Sie Ihren Hund an Ihrer Hand schnüffeln, sodass er weiß, dass sich das Futter darin befindet. Nun führen Sie Ihre Hand langsam nach hinten über seine Nase. Exakt in

dem Moment, in dem er sein Hinterteil nach unten bewegt, belohnen Sie ihn mit dem Futterstück und einem verbalen Lob. In einem weiteren Schritt soll er sich vollständig hinsetzen, bevor er das Futterstück bekommt. Wenn sich Ihr Hund nach einigen Wiederholungen sicher setzt, führen Sie in dem Augenblick, in dem er sich setzt, das Hörzeichen „Sitz" ein. Parallel zum Hörzeichen können Sie ein Sichtzeichen einführen. Dies ist besonders praktisch, wenn Ihr Hund ein Signal auch einmal auf weite Entfernung ausführen soll. Geben Sie dazu einfach kurz nach dem Wortsignal das Sichtzeichen. Dies kann z. B. der erhobene Zeigefinger sein.

PLATZ ODER DOWN

Für diese Übung nehmen Sie einen Futterbrocken zwischen Daumen und Zeigefinger, sodass Sie Ihre Hand schon in Vorbereitung auf das spätere Sichtzeichen in einer flachen Position halten.

Grace beherrscht die Grundsignale perfekt und setzt sich auf Corinnas Signal „Sitz" sofort hin.

Auch das Signal „Platz" bzw. „Down" führt Grace zügig aus und legt sich hin.

Führen Sie Ihre Hand senkrecht an der Nase des Hundes vorbei in Richtung Boden und leicht nach vorne. Ihr Hund wird Ihrer Hand folgen und sich hinlegen, um schnell an das Futter in der Hand heranzukommen. Sobald Ihr Hund den Boden berührt, öffnen Sie die Hand und lassen ihn das Futterstück fressen. Lösen Sie dann das Signal möglichst zügig wieder auf, denn Ihr Hund wird noch nicht geduldig für längere Zeit liegen bleiben. Nach einigen Wiederholungen führen Sie das Hörzeichen „Platz" oder „Down" ein: In dem Augenblick, indem Ihr Hund sich hinlegt, verwenden Sie das neue Signal! Das Sichtzeichen kennt er ja bereits durch Ihre Handhaltung beim Training, die flach nach unten geführte Hand.

BLEIB

Ihr Hund soll nun lernen, sitzen oder liegen zu bleiben, wenn Sie sich von ihm entfernen. Anfangs bewegen Sie sich einfach ein wenig auf der Stelle. Danach entfernen Sie sich einen halben Schritt von Ihrem Hund. Gehen Sie dann sofort wieder zu ihm zurück und reichen Sie ihm die Belohnung. Schritt für Schritt können Sie nun die Entfernung steigern. Wichtig ist bei dieser Übung, dass Sie immer erst zu Ihrem Hund zurückkommen und ihn

dann belohnen. Würden Sie sich nur von ihm entfernen und ihn dann zu sich rufen und belohnen, würde er die Belohnung für die letzte Aufgabe, also für das Kommen erhalten. Dies führt mit der Zeit dazu, dass er immer unruhiger sitzen oder liegen bleibt, da er gespannt das Signal „Hier" erwartet. Die Kombination der Übungen „Bleib" und „Hier" sollten Sie also erst dann durchführen, wenn Ihr Hund sicher für längere Zeit die Übung „Bleib" ausführt. Doch auch dann ist es wichtig, dass Sie Ihren Hund nicht immer aus dem Bleib abrufen, sondern auch einmal zu Ihrem Hund zurückkehren und ihn dafür belohnen, dass er an der vorgegebenen Stelle geblieben ist.

Steht Ihr Hund doch einmal auf, bringen Sie ihn wieder an die Stelle zurück, an der er bleiben sollte und beginnen Sie die Übung von vorn. Verringern Sie dieses Mal aber die Distanz, denn Ihr Hund sollte nun auf jeden Fall Erfolg haben und eine Belohnung erhalten.

HIER

Ihr Hund läuft entspannt in Ihrem Garten herum, ohne dass er gerade in eine andere spannende Beschäftigung vertieft ist. Sprechen Sie ihn jetzt mit seinem Namen an. Wenn er Sie daraufhin

Beim Signal „Bleib" bleibt Grace so lange sitzen oder liegen, bis Corinna wieder zurückkommt.

Hin und wieder ruft Corinna Grace auch aus dem Bleib zu sich.

Grace liebt Futter, so dass Corinna sie häufig mit einer besonders leckeren Futterbelohnung nach einer gut ausgeführten Übung belohnt.

anschaut, locken Sie ihn zu sich, indem Sie z. B. Schnalzen oder in die Hände klatschen. Sie sollten in Ihrer Hand bereits ein Futterstück verborgen halten, das Ihr Hund nun bekommt, wenn er bei Ihnen angekommen ist. Dann geben Sie ihn z. B. mit dem Signal „Lauf" wieder frei. Nun müssen Sie noch ein Hör- und Sichtzeichen hinzufügen. Als Hörzeichen eignet sich z. B. das Wort „Hier", als Sichtzeichen können Sie einfach die geschlossene Faust, in der Ihr Futterstück verborgen ist, von unten nach oben an Ihre Brust führen.

Ihr Signal geben Sie Ihrem Hund anfangs kurz bevor er bei Ihnen angekommen ist. So können Sie sicher sein, dass er auch wirklich bei Ihnen ankommt und das Signal nicht ignoriert, weil er unterwegs noch etwas anderes Spannendes in die Nase bekommen hat. Zeigen Sie Ihrem Hund das Futter nicht vorab, da er sonst nur kommen wird, wenn Sie Futter dabei haben. Schritt für Schritt geben Sie das Signal nun immer früher, bis Sie es als Aufforderung für das Kommen einsetzen können.

TRAINING MIT POSITIVER VERSTÄRKUNG

Neue Signale üben Sie am besten mithilfe der positiven Verstärkung. Bei diesem Trainingsprinzip erhält Ihr Hund nach einem gezeigten Verhalten eine für ihn angenehme Folge. Er bekommt z. B. dafür, dass er sich hingesetzt hat, ein Futterstück, das er gern mag. In Zukunft wird er sich nun häufiger hinsetzen, da er die Handlung „sich Hinsetzen" mit der für ihn angenehmen Futtergabe verknüpft hat. Hunde lernen mithilfe dieses Trainingsprinzips sehr schnell, was der Mensch von ihnen erwartet. Druck oder gar Strafreize dagegen sind an dieser Stelle vollkommen falsch. Denn zum einen möchten Sie ja, dass Ihr Hund Spaß am gemeinsamen Training hat, zum anderen weiß er ja noch gar nicht, was Sie eigentlich von ihm wollen. Er muss erst lernen, welche Handlung er bei einem Signal von Ihnen ausführen soll. Eine Strafe würde daher überhaupt keinen Sinn machen!

Gestaltung des Alltags mit Hund

In den ersten Tagen sollte der Besuch von befreundeten Kindern ausbleiben. Auch wenn die Kinder darauf drängen, ihren neuen Hund den Freunden vorzustellen, diese müssen sich genauso gedulden wie erwachsener Besuch. Sonst wird der Hund schnell überfordert. Er muss erst einmal lernen, wer alles zur neuen Familie gehört.

Sie sollten bereits vor dem Einzug des Hundes mit Ihren Kindern besprochen haben, wer für welche Aufgaben zuständig ist. Gerade bei Kleinkindern werden die Aufgaben der Versorgung des Hundes, wie z. B. das Füttern, Bürsten sowie Training und Beschäftigung, den Eltern vorbehalten bleiben. Ältere Kinder können aber von Anfang an miteinbezogen werden, gerade wenn es sich um einen Welpen handelt. Zieht ein erwachsener Hund ein, sollten auch bei älteren Kindern zumindest die ersten Tage die Eltern die Aufgaben rund um den Hund übernehmen. So können Sie genau beobachten, ob sich nicht doch Probleme in dem ein oder anderen Bereich ergeben, die zuvor bei der Auswahl und einem eventuellen Test des Hundes noch gar nicht aufgefallen sind, wie z. B. aggressives Verhalten bei der Fütterung. Beziehen Sie aber trotzdem die älteren Kinder von Anfang an mit ein, indem diese z. B. Zubehör wie die Bürste holen dürfen, sowie beim Füttern und der Versorgung des Hundes mit dabei sind. Gibt es keine Probleme, können sie dann Schritt für Schritt die für sie vorgesehenen Aufgaben zunächst in Ihrer Anwesenheit, Teenager später auch selbstständig übernehmen.

LIEGEPLATZ DES HUNDES

Schon vor dem Einzug Ihres Hundes sollten Sie sich überlegen, an welcher Stelle in der Wohnung er seinen Liegeplatz haben soll. Grundsätzlich sind Hunde Rudeltiere, sie verbringen den Tag am liebsten immer gemeinsam sowie in der Nähe des Rudels bzw. in Ihrem Fall in der Nähe der Familie.

Daher darf Ihr Hund natürlich auch mehrere Liegeplätze in der Wohnung haben. Es bieten sich meist ein Liegeplatz im Wohnzimmer, ein Liegeplatz im Essbereich sowie ein Liegeplatz im Elternschlafzimmer an. Hunde möchten die Nacht mit der Familie verbringen, es ist für sie nicht verständlich, dass sie in der Nacht „ausgeschlossen" werden und in einem anderen Raum schlafen müssen. Jugendliche dürfen den Hund natürlich auch mit ins eigene Zimmer nehmen, auch nachts. Bei Kindern sollte der Hund die Nacht jedoch im Elternschlafzimmer verbringen.

RUHEZONEN SCHAFFEN

Genauso wie die Kinder lernen müssen, den Hund auf seinem Liegeplatz in Ruhe zu lassen, so dass dieser einen Rückzugsort hat, muss der Hund lernen, dass er das Kinderzimmer nicht bzw. nur in Ausnahmefällen auf Erlaubnis bzw. Signal der Eltern betreten darf. Das Kinderzimmer wird also zur Tabuzone für den Hund erklärt, so müssen Sie nicht immer ständig Kind und Hund im Auge behalten. Zu Beginn des Trainings verhindern Sie einfach mechanisch, dass Ihr Hund das Kinderzimmer betreten kann, indem Sie z. B. die Tür schließen. Möchten Sie eine längere Zeit im Kinderzimmer verbringen, Ihren Hund aber nicht mit hineinnehmen, da Sie gerade nicht auf ihn achten können, möchten ihn aber auch nicht ganz ausschließen, dann bietet sich die Anbringung eines Kindergitters an. Dieses können Sie im Türrahmen befestigen, sodass Ihr Hund durch das geschlossene Türgitter genau verfolgen kann, was passiert. Türgitter gibt es mittlerweile in allen Größen, sowie sehr komfortabel mit Tür, sodass Sie das Zimmer trotz Türgitter einfach und schnell verlassen bzw. betreten können. Das Türgitter ist auch dann sinnvoll, wenn Sie Ihr Kind z. B. zum Mittagsschlaf in sein Zimmer legen möchten. Die Tür soll dabei vielleicht nicht geschlossen sein, da Sie hören möchten, ob Ihr Kind aufwacht. Ein Türgitter ist hierbei eine sinnvolle Alternative.

Ihr Hund soll jetzt noch lernen, das Kinderzimmer auch ohne eine Absperrung nicht bzw. nur auf Ihr Signal hin zu betreten. Dazu lassen Sie die Tür bzw. das Kindergitter offen stehen. Folgt Ihr Hund Ihnen nun ins Kinderzimmer, bringen Sie ihn kommentarlos wieder hinaus. Dazu trägt Ihr Hund am besten ein Geschirr mit einer kurzen Leine, einer sogenannten Hausleine. Diese sollte etwa 1 m lang sein, und keine Haken, Ösen oder Schlaufen haben, damit Ihr Hund nicht damit hängen bleibt, wenn er sich durch das Haus bewegt. Nehmen Sie nun also die Leine auf und bringen Sie Ihren Hund wieder aus dem Kinderzimmer hinaus. Dabei müssen Sie ausdauernd sein! Alternativ oder parallel dazu können Sie Ihren Hund auch daran hindern, das Kinderzimmer zu betreten, indem Sie ihn mit einem Signal, wie z. B. „Raus da", und eindeutiger Körpersprache aus dem Kinderzimmer hinaus

Die Labrador-Hündin Summer hat bereits gelernt, das Kinderzimmer nur dann zu betreten, wenn Franzi sie dazu auffordert. Das Kindergitter kann bereits offen bleiben.

schicken, in dem Augenblick, in dem er eine Pfote über die Türschwelle setzt. Machen Sie sich dazu groß, beugen Sie sich leicht nach vorne über und fixieren Sie dabei Ihren Hund. Mit dieser Körpersprache beanspruchen Hunde gegenüber anderen Hunden Raum.

Akzeptiert Ihr Hund diese Beanspruchung von Raum und verlässt das Kinderzimmer, loben Sie ihn kurz und wenden Sie sich dann wieder von ihm ab und einer anderen Beschäftigung zu. Aber behalten Sie Ihren Hund im Auge. Sie müssen nun konsequent sein. Wenn Ihr Hund lernt, dass Sie diese Regel doch immer nur ab und an durchsetzen, und z. B. niemals dann, wenn Sie gerade das Kind wickeln oder anderweitig beschäftigt sind, werden Sie damit keinen Erfolg haben. Solange wie Ihr Hund also nicht verinnerlicht hat, dass er den Raum nicht betreten darf, sollten Sie diese Übungen immer nur dann durchführen, wenn Sie sich wirklich hundertprozentig auf Ihren Hund konzentrieren können! Hat Ihr Hund verstanden, dass er das Kinderzimmer nicht einfach so betreten darf, können

Sie ihm noch beibringen, dass es auf Ihre Anweisung hin sehr wohl erlaubt ist. Rufen Sie ihn also z. B. mit dem Signal „Komm rein" zu sich. Anfangs wird er dabei vermutlich etwas unsicher sein, war es doch bisher verboten, das Kinderzimmer zu betreten. Schnell wird er aber den Unterschied lernen und bald das Kinderzimmer nur noch auf Ihr Signal hin betreten. So können Sie es z. B. zulassen, dass Ihr Kind bei der Gute-Nacht-Geschichte mit Ihrem Hund kuschelt und diese Zeit gemeinsam mit ihm genießt. Denn es ist wichtig, dass es auch Zeiten gibt, in denen das Kind dem Hund sehr nahe ist und wo Kontakt erwünscht und erlaubt ist.

AUF DIE DECKE SCHICKEN

Das wichtigste Signal im Alltag generell, aber noch viel mehr im Alltag mit Kind und Hund, ist das Signal „Decke". Ihr Hund sollte gelernt haben, auf ein Zeichen von Ihnen seinen Liegeplatz aufzusuchen und dort zu bleiben, bis Sie ihn wieder frei geben. Dies erleichtert den Alltag ungemein und schafft kleine Freiräume für alle Familienmitglieder.

Bereiten Sie für das Training eine größere Menge an Futter vor und stellen Sie sich in die Nähe der Decke. Nun werfen Sie ein Leckerli auf die

Geeignete Rückzugsorte

Generell sollten sich Liegeplätze des Hundes eher in ruhigen Bereichen des Raumes befinden. Der Liegeplatz ist ja gleichzeitig auch ein Rückzugsort für Ihren Hund, den die Kinder respektieren müssen: Der Hund darf dort nicht gestört werden! Im Wohnzimmer eignet sich daher in der Regel ein Körbchen in der Ecke neben dem Sofa, weit entfernt von Türen und Durchgängen. Auch im Schlafzimmer sollte man darauf achten, dass das Körbchen des Hundes eher im hinteren Bereich und nicht direkt vor der Tür steht. Im Esszimmer sollte sich der Liegeplatz nicht direkt neben oder sogar unter dem Esstisch befinden, damit der Hund bei herunterfallendem Essen gar nicht erst in Versuchung geführt wird, sich dieses zu schnappen.

Andreas trainiert mit Bearded Collie-Hündin Denni, auf die Decke zu gehen und dort für eine längere Zeit liegen zu bleiben. Mittlerweile liegt Denni entspannt auf der Decke, so dass Andreas ganz in Ruhe eine Zeitschrift lesen kann.

Decke, Ihr Hund darf direkt hinterherlaufen und das Leckerli fressen. Diese Übung wird mehrfach wiederholt. Nach einiger Zeit werfen Sie nun kein Leckerli mehr, sondern warten einfach einen Augenblick ab, was Ihr Hund macht. Da es die Leckerlis bisher immer auf der Decke gab, wird er im Idealfall auf die Decke gehen, was Sie sofort mit einem Leckerli belohnen. Vielleicht zeigt Ihr Hund aber auch nicht sofort die richtige Lösung? Beobachten Sie ihn genau, Sie können bereits kleine Schritte in die richtige Richtung belohnen. Schaut er vielleicht zur Decke? Dann werfen Sie sofort ein Leckerli dort hin. Schritt für Schritt muss Ihr Hund nun sein Verhalten immer weiter steigern, also z. B. einen Schritt Richtung Decke gehen, sich mit einem Bein auf die Decke stellen, bis er wirklich ganz auf der Decke ist, bevor es ein Leckerli gibt. Nun können Sie ein Signalwort, wie z. B. „Decke", hinzufügen. Hat er die Übung verstanden, verändern Sie nun noch die Distanz zur Decke. Anfangs standen Sie direkt daneben, nun können Sie sich immer weiter von ihr weg bewegen, bis Sie Ihren Hund vom anderen Ende des Raumes auf die Decke schicken können.

Jetzt muss Ihr Hund nur noch lernen, auch für eine längere Zeit auf der Decke liegen zu bleiben. Dazu gehen Sie wieder näher an die Decke heran,

denn sobald Ihr Hund das Signal „Decke" ausgeführt hat und auf der Decke seine Belohnung erhalten hat, beginnen Sie ihn dort mit weiteren Leckerlis zu füttern. Er lernt so zunächst einmal, dass es sich lohnt, für längere Zeit auf der Decke zu bleiben. Anfangs geben Sie die Futterstücke dabei direkt hintereinander, später warten Sie immer länger, bevor es ein weiteres Futterstück gibt. Kennt Ihr Hund bereits das Signal zum Hinlegen, können Sie dieses nun zu Hilfe nehmen, sodass er in einer Position ist, in der er sich entspannen kann. Am besten zeigen Sie Ihrem Hund nun, dass Entspannung angesagt ist, indem Sie sich selbst auch ausruhen. Setzen Sie sich also z. B. einfach mit einem Kaffee aufs Sofa und blättern in einer Zeitschrift. Die Zeitspanne zwischen den Leckerlis sollte nun immer weiter ausgedehnt werden, bis Sie Ihren Hund nur noch dann belohnen, wenn Sie die Übung nach 15 bis 20 Minuten beenden.

Gemeinsam mit Papa kuscheln, was gibt es Schöneres? Arthos liegt entspannt auf seiner Decke.

Michael ruft Arthos zu sich, er darf gern mit auf das Sofa und gemeinsam mit allen Kuscheln.

GEWÖHNUNG AN EINE HUNDEBOX

Gerade bei kleinen Kindern empfiehlt es sich zusätzlich zum Aufbau eines festen Liegeplatzes, den Hund an eine Box zu gewöhnen. So kann er seine Ruhezeit in der Box verbringen. In dieser Zeit kann das Kind frei herumlaufen und die Eltern können etwas entspannter anderen Beschäftigungen, wie z. B. dem Kochen, nachgehen. Natürlich darf das Kind den Hund nicht in der Box ärgern, indem es z. B. den Finger durch das Gitter steckt. Im Auge behalten müssen die Eltern das Kind also dennoch!

BOX AUFBAUEN

Damit Ihr Hund die Box positiv verknüpft, werfen Sie ein Futterstück hinein, das Ihr Hund wieder herausholen darf. Im nächsten Schritt werfen Sie mehrere Futterstücke in die Box, sodass Ihr Hund sich länger darin aufhält. Schließen Sie dabei auch einmal kurz die Tür. Ihr Hund darf sich jedoch nicht eingesperrt fühlen. Läuft Ihr Hund, wenn Sie Futter in die Hand nehmen, schon freiwillig Richtung Box, können Sie ihm z. B. auch einen Kauknochen geben, mit dem er sich eine längere Zeit beschäftigt. Will er mit dem Kauknochen aus der Box heraus, nehmen Sie ihm diesen einfach wieder

ab. Alternativ schließen Sie nun die Tür. Kurz bevor Ihr Hund den Kauknochen aufgefressen hat, öffnen Sie diese wieder. Gibt es keine Probleme, können Sie die Tür auch ein wenig länger geschlossen lassen, sodass Ihr Hund das erste Mal in der Box ohne Ablenkung warten muss. Bitte bleiben Sie dabei aber in der Nähe, sodass sich Ihr Hund nicht verlassen fühlt. Sie können sich anfangs einfach auf den Boden vor die Box setzen und z. B. ein Buch lesen. Steigern Sie Schritt für Schritt die Zeit, die Ihr Hund in der Box warten muss, und entfernen Sie sich immer weiter von der Box, indem Sie sich alltäglichen Beschäftigungen widmen.

DÜRFEN HUNDE AUFS SOFA?

Als erstes muss man einmal ausdrücklich sagen, dass es natürlich nicht direkt beim Hund zu Problemen führt, wenn er es sich auf dem Sofa gemütlich macht. Einem Hund, der den Liegeplatz auf dem Sofa verteidigt und den Menschen anknurrt, wenn dieser aufs Sofa will, sollte man natürlich nicht gestatten, auf dem Sofa zu liegen. Die wenigsten Hunde liegen jedoch auf dem Sofa, um die Weltherrschaft zu übernehmen. Sie finden es genauso wie wir Menschen einfach sehr gemütlich, weich und kuschelig! Dennoch sollten Sie sich vor dem

Arthos liebt die gemeinsame Zeit auf dem Sofa. Er legt sich sofort auf den Rücken und lässt sich von Michael mit einer besonders intensiven Streicheleinheit verwöhnen.

Einzug des Hundes genau überlegen, ob Sie ihm erlauben, auf dem Sofa zu liegen. Hunde sind nicht immer sauber und gerade bei nassem Wetter, wenn die Wiese matschig ist, bringen sie selbst nach dem Abtrocknen und Saubermachen der Pfoten Schmutz mit ins Haus. Ist Ihr Sofa so unempfindlich, dass es dies ohne Schaden übersteht? Und wieviel Platz haben Sie eigentlich auf dem Sofa? Gerade bei einer Familie mit mehreren Kindern kann es selbst ohne Hund schon einmal eng werden. Wenn Sie noch ein Baby oder ein sehr kleines Kind haben, das Sie auf dem Sofa auch einmal ablegen, sollte das Sofa für Ihren Hund tabu sein, damit es zu keiner versehentlichen Verletzung des Kindes durch den Hund kommt, wenn dieser ungestüm aufs Sofa springt.

ERST NACH DER FREIGABE

Generell bietet es sich bei Familienhunden an, dass diese immer nur dann auf das Sofa dürfen, wenn sie die Freigabe, also ein Signal dazu erhalten. Immer wenn Ihr Hund also einfach von sich aus auf das Sofa springt, schicken Sie ihn ruhig, aber bestimmt, wieder hinunter. Springt er sofort wieder auf das Sofa, bringen Sie ihn zu seinem Liegeplatz und legen ihn dort ab, gegebenenfalls gesichert durch

eine Leine, falls er noch nicht gelernt hat, für eine längere Zeit liegen zu bleiben. Das soll keine Strafe für Ihren Hund sein, bleiben Sie also entspannt und gelassen. Sie verhindern nur, dass Sie sich ständig mit Ihrem Hund beschäftigen müssen und er durch sein unerwünschtes Verhalten ständig Aufmerksamkeit erhält. Wenn Ihr Hund auf das Sofa kommen soll, rufen Sie ihn zu sich und signalisieren ihm mit einem Handzeichen und einem Signal, wie z. B. „Komm rauf", dass er jetzt mit auf das Sofa darf. Aber Achtung, die Aktion sollte wirklich von Ihnen selbst ausgehen. Wenn Ihr Hund also mit großen Augen zum Sofa kommt und Sie traurig und herzerweichend anschaut, ignorieren Sie ihn bitte. Auch wenn er jetzt nicht einfach so von sich aus auf das Sofa springt, wenn Sie ihm aufgrund seines Bettelns erlauben aufs Sofa zu kommen, hat er im Grunde genommen die Entscheidung dazu veranlasst. Sie sind seiner Forderung nur brav nachgekommen! Warten Sie in dem Fall einfach, bis Ihr Hund aufgibt und sich wieder in sein Körbchen legt. Nach einiger Zeit, mal länger, mal kürzer, können Sie ihn dann zu sich rufen und natürlich gern auch gemeinsam mit Kind und Hund auf dem Sofa kuscheln. Denn gerade diese gemeinsame Kuschelzeit ist oft ein Highlight für Kind und Hund.

UMGANG MIT SPIELZEUG

Ihr Hund muss von Anfang an lernen, dass das Spielzeug des Kindes tabu für ihn ist. Allzu leicht kann es sonst zu einem Streit zwischen Kind und Hund kommen, wenn der Vierbeiner das geliebte Stofftier im Maul hat und das Kind verzweifelt versucht, dieses dem Hund aus dem Maul zu reißen. Ein Welpe wird erst einmal alles spannend finden, was herumliegt. Lassen Sie daher zu Anfang nie Spielzeug herumliegen. Erklären Sie Ihrem Kind, dass Ihr Welpe noch ein Baby ist, das noch viel lernen muss. Wenn es sein Spielzeug nicht wegräumt, riskiert es, dass der Welpe es kaputt macht. Lediglich im Kinderzimmer gelten diese Regeln nicht, da dieses von Anfang an für den Welpen tabu ist. Erklären Sie Ihrem Kind zudem, dass es dem Hund niemals Spielzeug, das dieser geklaut hat, abnehmen darf. Es soll sich dann an Sie wenden. Nehmen Sie Ihrem Hund kommentarlos das Spielzeug ab und überlegen Sie, inwieweit Sie Ihr Training verändern bzw. intensivieren müssen. Auch das Spielzeug des Welpen sollte nicht frei zur Verfügung herumliegen, damit er lernt, dass auf dem Boden liegendes Spielzeug nicht automatisch ihm gehört. Natürlich darf Ihr Welpe mit Spielzeug spielen, wenn Sie ihm dieses geben.

SIGNAL „TABU"

Damit Ihr Hund lernt, dass das Spielzeug des Kindes grundsätzlich tabu ist, müssen Sie ihm zunächst einmal generell ein Tabu beibringen. Nehmen Sie dazu ein Brötchen in die Hand. Legen Sie dieses vor sich auf den Boden oder halten Sie es locker in Ihrer Hand vor Ihren Körper. In dem Augenblick, in dem Ihr Hund sich das Brötchen schnappen will, fixieren Sie ihn und korrigieren ihn dafür z. B. mit dem Wort „Tabu" sowie z. B. mit einem Schnauzgriff. Greifen Sie dazu einmal fest über den Fang Ihres Hundes. Künftig reicht es, wenn Sie Ihren Hund fixieren und das Korrekturwort aussprechen, wenn er unerlaubt Dinge aufnehmen will. Nehmen Sie im nächsten Schritt ein

Spielzeug Ihres Kindes in die Hand bzw. legen Sie dieses vor sich auf den Boden. Will Ihr Hund das Spielzeug ins Maul nehmen oder auch nur daran schnüffeln, korrigieren Sie ihn erneut. Denken Sie daran, diese Korrekturen nicht in Anwesenheit Ihres Kindes aufzubauen. Achten Sie darauf, Ihren Hund später in Anwesenheit des Kindes nicht mit dem Korrekturwort zu korrigieren, da Ihr Kind dies sonst leicht nachahmen könnte. Der Hund hört das Korrekturwort dann ständig und zwar ohne einen sinnvollen Zusammenhang bzw. ohne eine darauf folgende Konsequenz, sodass sich der aufgebaute Lerneffekt schnell wieder abnutzt. Das Wort hat dann keine große Bedeutung mehr für Ihren Hund.

Zudem sollte Ihr Hund lernen, dass er Gegenstände nur dann aufnehmen darf, wenn er das Signal dafür von Ihnen bekommt und nicht, wenn diese, von wem auch immer, geworfen werden oder einfach so herumliegen. Dies trainieren Sie über ein Impuls-Kontrolltraining. Über die Kombination dieser Trainingsformen wird Ihr Hund lernen, Spielzeug bzw. Gegenstände generell nicht einfach aufzunehmen.

AUFBAU DES IMPULS-KONTROLLTRAININGS

Ihr Hund soll lernen, dass Futter oder auch Gegenstände, die geworfen werden, nicht automatisch für ihn sind. Nur weil ein Ball durch die Gegend fliegt, bedeutet das nicht, dass er einfach so hinterherrennen darf. Beginnen Sie das Training damit, dass Ihr Hund lernt, ruhig sitzen zu bleiben, wenn Sie einen Ball oder ein Futterstück auslegen. Dazu müssen Sie ihm zuvor natürlich die Übung „Bleib" beigebracht haben (siehe S. 64). Wählen Sie zu Beginn eine kurze Distanz. Bleibt Ihr Hund sitzen, gehen Sie zurück und belohnen Sie ihn. Nun darf er auf Ihr Signal hin zum Ball oder Futter laufen und diesen holen bzw. das Futter fressen. Alternativ holen Sie die Beute selbst.

Im nächsten Schritt legen Sie die Beute nicht einfach nur ab, sondern lassen den Ball bzw. das Futter fallen, sodass bereits mehr Dynamik im Spiel ist. Klappt dies, werfen Sie Ball oder Futter ein kleines Stück weit. Später einmal sollen Sie die Beute mit viel Schwung weit weg in alle Richtungen werfen können, während Ihr Hund vollkommen entspannt sitzen bleibt. Anfangs stehen Sie dabei noch weiter von ihm entfernt, später dann immer näher, bis Sie am Ende direkt neben ihm stehen.

Jetzt wird es spannend. Im weiteren Aufbau dieser Übung befindet sich Ihr Hund nicht mehr in einer ruhigen Warteposition wie bisher. Sie fordern ihn z. B. auf, mit dem Signal „Fuß" neben Ihnen her zu laufen. Werfen Sie nun wieder Ball oder Futter weg, anfangs seitlich, später in Laufrichtung, während Ihr Hund weiter neben Ihnen an der Seite im Signal „Fuß" läuft. Belohnen Sie Ihren Hund, wenn die Übung erfolgreich war und er der Beute nicht hinterhergelaufen ist. Dann darf er auch ab und an den Ball bzw. das Futter auf Ihr Signal hin holen bzw. fressen.

Training der Impulskontrolle: Sarah legt Futter gut sichtbar für Cooper auf dem Boden aus. Danach geht sie zu ihm zurück und belohnt ihn für das ruhige Sitzenbleiben. Nun darf Cooper auf Sarahs Signal die auf dem Boden liegenden Futterstücke fressen.

*Lilyen läuft entspannt weiter „bei Fuß" neben Andrea,
während diese einen Futterbeutel wirft.*

Zur Abwechslung lassen Sie ihn aber ruhig immer wieder einmal sitzen und warten, während Sie den Ball bzw. das Futter selbst holen. Nun haben Sie es fast geschafft und das Übungsziel ist so gut wie erreicht. Lassen Sie Ihren Hund frei laufen. In einem Augenblick, in dem er nach dem Schnüffeln z. B. gerade in Ihre Richtung blickt, werfen Sie den Ball bzw. das Futter. Anfangs bitte noch ohne große Dynamik und natürlich nicht in seine Richtung, sondern von ihm weg. Beobachten Sie Ihren Hund genau! Möchte er durchstarten, um dem Ball oder Futter hinterher zu hetzen? Dann stoppen Sie ihn frühzeitig, indem Sie ihn ansprechen. Reagiert er darauf, loben Sie ihn sofort, gern auch mit einem Futterstück und gehen Sie dann im Training noch einmal ein paar Schritte zurück. Im Idealfall schaut er aber dem Wurf lediglich interessiert hinterher und nimmt danach wieder Kontakt zu Ihnen auf. Heben Sie nun den Ball bzw. das Futter wieder auf, ab und an dürfen Sie Ihren Hund auch mit Signal Richtung Beute schicken. Schnell wird Ihr Hund

mit diesem Impuls-Kontrolltraining lernen, dass fliegende Beute nicht generell für ihn gedacht ist und er der Beute nicht einfach so ohne Ihr Signal hinterherlaufen darf.

WÄHREND DER MAHLZEITEN

Das Impuls-Kontrolltraining können Sie gerade in Bezug auf Essen fortführen, indem Sie Ihrem Hund klar machen, dass diese Regeln auch bei der Fütterung des Kindes bzw. bei gemeinsamen Mahlzeiten der Familie gelten. Anfangs sollte Ihr Hund bei Ihren Mahlzeiten auf seinem Liegeplatz liegen (siehe S. 66 ff.). Dieser darf dabei natürlich im gleichen Zimmer sein, also z. B. im Esszimmer oder in der Küche, er sollte sich aber so weit vom Esstisch entfernt befinden, dass herunterfallendes Essen für ihn nicht von seinem Liegeplatz aus erreichbar ist. Ihr Hund soll nämlich nicht lernen, unter dem Tisch oder neben dem Sitzplatz Ihres Kindes zu lauern, bis der nächste Brocken für ihn herunterfällt. Zum einen macht es Kindern Spaß, den Hund zu füttern, sodass diese solche Situationen gern ausnutzen. Ein Kind kann jedoch nicht immer überblicken, wieviel Futter der Hund bereits hatte und ob eine bestimmte Speise für den Hund überhaupt gesund ist. Zudem führt die Fütterung des Hundes am Tisch dazu, dass der Hund wartend und gegebenenfalls sogar bettelnd neben dem Tisch liegt. Sobald ein Stück vom Essen herunterfällt, ob absichtlich oder unbeabsichtigt, wird er sich, vor allem, wenn er sehr futtermotiviert ist, also wenn er gern frisst, wie ein Geier auf das Essen stürzen. Wenn Ihrem Kind das Essen nun aber tatsächlich versehentlich heruntergefallen ist, und dieses sich reflexartig danach bückt, um es aufzuheben, kann es schlimmstenfalls zwischen Kind und Hund zu einem ernsthaften Streit kommen. Bestenfalls versucht Ihr Hund einfach nur schneller zu sein und schnappt nach dem Essen, egal, ob die Hand Ihres Kindes schon in der Nähe ist oder nicht. Verletzungen sind vorprogrammiert. Füttern

Auch wenn Lilyen im Freilauf ist, läuft sie nicht sofort hinter einem fliegenden Gegenstand her. Sie bleibt stehen, beobachtet den Gegenstand und wartet, ob Andrea die Beute freigibt.

Sie daher Ihren Hund niemals vom Tisch, sondern bringen Sie ihm stattdessen bei, während des Essens auf seinem Liegeplatz zu liegen. Hat Ihr Hund über das Impuls-Kontrolltraining bereits gelernt, Gegenstände und auch Futter nur dann aufzunehmen, wenn Sie das Signal dazu geben, und führt er diese Übung selbst dann aus, wenn das Futter dynamisch fliegt und er sich im Freilauf befindet, können Sie die Übungen auf das Haus bzw. das Essen der Familie ausweiten. Trainieren Sie daher nun die gleichen Übungen wie beim Impuls-Kontrolltraining beschrieben auch im Haus und am Esstisch. Anfangs sollten Sie dabei natürlich noch nicht mit der gesamten Familie wirklich essen, denn Sie müssen sich ja auf Ihren Hund konzentrieren. Lassen Sie Ihren Hund im Esszimmer frei herumlaufen, während Sie selbst z.B. eine Scheibe Brot essen. Wie zufällig fällt Ihnen nun ein Stück davon herunter. Achten Sie darauf, dass sich Ihr Hund dabei anfangs noch nicht in Ihrer unmittelbaren Nähe befindet. Schaut Ihr Hund Sie nun

fragend an, hat er die Übung verstanden und auch auf die Situation am Esstisch übertragen. Loben Sie ihn dafür und heben Sie das Brot wieder auf.

Sie können die Übung nun schwieriger gestalten, indem sich Ihr Hund immer mehr in Ihrer Nähe befindet. Zudem können Sie das Brot auch erst einmal eine Zeit lang liegen lassen, bevor Sie es aufheben. Sie dürfen dann natürlich zu Ihrem Hund hingehen und ihn mit einem Futterbrocken belohnen. So lernt er, dass es sich lohnt, sich nicht auf das heruntergefallene Essen zu stürzen, sondern ruhig zu warten. Bleibt Ihr Hund vollkommen entspannt, auch wenn Essen vom Tisch fällt, dürfen Sie ihm ab und an die Freigabe geben, sich das Essen zu nehmen. Warten Sie damit aber bitte, bis Sie selbst Ihre Mahlzeit beendet haben. So weiß Ihr Hund genau, dass er, wenn überhaupt, immer nur am Ende der Mahlzeit eine Chance hat, den Boden zu säubern. Allerdings sollten Sie in der Regel das Essen selbst wieder aufheben, damit Ihr Hund weiterhin entspannt bleibt.

Den Hund verstehen: Körpersprachliche Signale

Damit das Zusammenleben für alle Familienmitglieder harmonisch und entspannt bleibt, müssen sowohl die Kinder als auch der Hund sich gegenseitig verstehen sowie einige Regeln lernen und beachten.

HUNDE GENAU BEOBACHTEN

Kinder müssen lernen, die Körpersprache des Hundes zu lesen und damit dessen Gefühlszustand zu erkennen. Hunde kommunizieren hauptsächlich über die Körpersprache und oft sind es kleine Gesten, die bereits eine große Bedeutung haben.

Kinder müssen lernen, Hunde genau zu beobachten und die kleinsten Veränderungen beim Hund zu registrieren. Üben Sie das Beobachten Ihres Hundes am besten gemeinsam mit Ihrem Kind. Lassen Sie Ihr Kind beschreiben, was es sieht. Helfen Sie Ihrem Kind, Körperhaltungen des Hundes zu erkennen, indem Sie auf die einzelnen Körperteile des Hundes, wie z. B. die Rute und Ohren, eingehen.

Auch kleinere Kinder können an der Rute bereits gut die unterschiedlichen Stellungen unterscheiden. Sie können erkennen, ob ein Hund die Rute stark einzieht, ob er sie entspannt und locker hält oder starr aufrichtet. Erklären Sie Ihrem Kind

Hunde mit Schlappohren verändern die Ohrstellung, indem sie die Ohrwurzel aufstellen oder anziehen.

Ein Hund mit Schlappohren richtet die Ohrwurzel auf, wenn er auf etwas Bestimmtes aufmerksam wird.

Lilyen steht aufmerksam. Die Rute wird waagerecht, locker getragen. Die Ohren sind aufgestellt, der Kopf angehoben, das Gewicht ist gleichmäßig auf alle vier Beine verteilt, mit Tendenz nach vorne.

die unterschiedlichen Bedeutungen, also wie ein ängstlicher, ein entspannter bzw. drohender Hund die Rute trägt. Die verschiedenen Positionen von Stehohren können Kinder ebenfalls gut erkennen, bei Schlappohren fällt es gerade kleinen Kindern noch schwer, die Unterschiede zu sehen. Nutzen Sie die Fotos, um Ihrem Kind zu verdeutlichen, dass es bei Schlappohren auf die Stellung der Ohrwurzel ankommt. Beim entspannten Hund hängt die Ohrwurzel oder ist nur ganz leicht angehoben, beim aufmerksamen Hund ist sie stark angehoben.

Besprechen Sie dann mit Ihrem Kind, welche Bedeutung die jeweilige Ohren- oder Rutenstellung bzw. Körperhaltung des Hundes hat und wie sich der Hund in diesem Moment fühlt.

 WICHTIG

Fragen zum Gefühlszustand

Folgende Fragen zum Gefühlszustand des Hundes können Sie z. B. mit Ihrem Kind besprechen, denn auch ein kleines Kind kann diese Gefühle in der Regel sehr gut nachvollziehen:

• Ist der Hund entspannt?
• Möchte der Hund spielen?
• Ist die Situation angenehm oder unangenehm für den Hund?
• Hat der Hund Angst?
• Fühlt der Hund sich bedroht?

Erkennen und Deuten der Körpersprache

Üben Sie zusammen mit Ihrem Kind, die Körpersprache von Hunden zu erkennen und richtig zu deuten.

1 Entspannter Hund

Kopf – leicht angehoben
Augen – kein gezielter Blick
Ohren – leicht aufgerichtet (bei Schlapp-ohren nur die Ohrwurzel!)
Nase – glatt
Maul – leicht geöffnet, Zunge ist manchmal sichtbar
Rute – hängt ruhig und entspannt nach unten
Beine – leicht gewinkelt
Körperhaltung – auf allen vier Beinen stehend

2 Aufmerksamer Hund

Kopf – angehoben
Augen – in Richtung des Interesses gerichtet
Ohren – nach vorne gerichtet (bei Schlappohren nur die Ohrwurzel!)
Nase – glatt
Maul – geschlossen
Rute – waagerecht vom Körper abstehend, wird leicht hin und her bewegt
Beine – Vorderbeine gestreckt
Körperhaltung – leicht nach vorne geneigt

Spielaufforderung/ Spielgesicht

Kopf – mit Vorderkörper abgesenkt
Augen – in Richtung des Spielpartners weit geöffnet
Ohren – in Richtung des Spielpartners aufgestellt
(bei Schlappohren nur die Ohrwurzel!)
Nase – je nach Situation, glatt bis gekräuselt
Maul – leicht bis weit geöffnet, Zähne sichtbar
Rute – aufgerichtet, mit kräftigem, breiten Wedeln
Beine – Vorderbeine auf den Boden abgelegt, Hinter-
beine aufgerichtet
Körperhaltung – Vorderkörper abgesenkt

④ ## Unterwerfung/ Beschwichtigung

Kopf – mit Vorderkörper abgesenkt
Augen – direkter Blickkontakt wird vermieden
Ohren – leicht bis stark angelegt (bei Schlappohren
nur die Ohrwurzel!)
Nase – glatt
Maul – leicht geöffnet, der Hund versucht oft, an den
Maulwinkeln des Gegenübers zu lecken
Rute – leicht bis stark eingeklemmt
Beine – Vorder- und Hinterbeine leicht bis stark
eingeknickt
Körperhaltung – Körper verkleinert, Rundrücken,
bei starker Beschwichtigung legt sich der Hund sogar
auf den Rücken

⑤ ## Drohender Hund

Kopf – stark aufgerichtet
Augen – Blick über den nach unten gehaltenen Nasen-
rücken in Richtung Gegner
Ohren – nach vorne aufgestellt Richtung Gegner gerichtet
(bei Schlappohren nur die Ohrwurzel!)
Nase – leicht bis stark gekräuselt
Maul – vorne geöffnet, Vorderzähne sichtbar, runde
Maulwinkel
Rute – stark aufgerichtet, leicht vibrierend
Beine – Vorder- und Hinterbeine stark durchgedrückt
Körperhaltung – auf allen vier Beinen steif stehend,
Gewicht nach vorne

Crispy spielt gern mit Kindern, doch manchmal wird ihr das Training einfach zu viel.

Anzeichen für Stress ist z. B. ein deutliches Gähnen. Spätestens jetzt müssen die Eltern eingreifen.

WANN MÜSSEN ELTERN EINGREIFEN?

Nicht nur die Kinder der Familie müssen lernen, den Hund und seine Körperhaltungen zu beobachten und zu deuten, natürlich müssen auch Sie als Eltern den Hund lesen können. Gerade im Umgang mit Kindern müssen Sie erkennen, wann der Kontakt mit dem Kind für einen Hund zu viel ist, wann er in Stress gerät. Denn ein Hund, der sich bedrängt oder sogar bedroht fühlt, der mit einer Situation überfordert ist, wird in der Regel nicht direkt zubeißen. Er wird zuerst durch bestimmte Signale versuchen, eine Situation zu beruhigen und das Gegenüber zu einem Abbruch einer Handlung zu veranlassen.

Wenn Sie also sehen, dass Ihr Hund die beschwichtigende Körperhaltung einnimmt (siehe S. 78), müssen Sie spätestens jetzt handeln. Wenn Ihr Kind gerade Ihren Hund streichelt oder bürstet, trennen Sie die beiden. Ein kleines Kind nehmen Sie einfach vom Hund weg und bieten ihm eine andere Beschäftigung. Einem größeren Kind können Sie bereits erklären, dass Ihr Hund sich gerade unwohl fühlt. Sie können gemeinsam überlegen, woran das liegt. Vielleicht steht Ihr Kind leicht übergebeugt über dem Hund? Für Hunde kann das eine bedrohliche Körperhaltung sein, die unangenehme

Gefühle hervorrufen kann. Vielleicht war das Kind aber auch zu ruppig beim Bürsten oder ist dem Hund versehentlich auf die Rute getreten? Besprechen Sie dies dann mit Ihrem Kind und beobachten Sie gemeinsam, ob eine Veränderung der Körperhaltung oder z. B. ein vorsichtigeres Bürsten zu einer Entspannung beim Hund führt. Sollte Ihr Hund weiter beschwichtigendes Verhalten zeigen, ist ihm die gesamte Situation zu viel und Ihr Kind muss die Aktion erst einmal komplett einstellen.

Neben der beschwichtigenden Körperhaltung sollten Sie auch aufmerksam werden, wenn Ihr Hund häufiger gähnt, vor allem, wenn er dabei vom Kind wegschaut oder blinzelt und sich über die Schnauze leckt. Auch ein Hund, der sich ständig kratzt oder schüttelt, kann damit sein Unwohlsein ausdrücken. Alle diese Übersprungshandlungen zeigen, dass Ihr Hund gerade Stress hat und Sie etwas an seiner Situation verändern müssen. Denn ein Hund, der merkt, dass seine beruhigenden und beschwichtigenden Signale nicht ankommen, muss aus seiner Sicht zu deutlicheren Maßnahmen greifen. So kann es kurz danach zu einem Knurren und dann sogar zu einem Abschnappen kommen, bei dem Ihr Kind eventuell sogar verletzt werden kann.

Wird die Situation nicht beendet, beginnt Crispy sich stark zu kratzen (= Übersprungshandlung bei Stress).

Leider werden diese „Warnsignale" eines Hundes oftmals nicht gesehen oder ernst genommen, sodass der Hund zu weiteren Maßnahmen wie Knurren greifen muss. Viele Eltern sind dann so erschrocken über das Knurren, dass sie in einer spontanen Reaktion mit dem Hund schimpfen und ihm das Knurren verbieten. Dies kann dann allerdings dazu führen, dass der Hund in einer späteren Situation, anstatt laut knurrend zu warnen, direkt zubeißt. Knurren ist ein Warnsignal, das man dem Hund nicht verbieten sollte. Vielmehr müssen die Eltern überlegen, warum es überhaupt so weit gekommen ist, dass der Hund knurren musste, sodass sie künftig solche Situationen schon in einem viel früheren Stadium verändern können.

Vor allem im Gesicht kann man deutlich erkennen, ob ein Hund Stress hat. Crispy hechelt stark, sie blinzelt, schaut ständig weg und hat die Ohren leicht angelegt.

Regeln für Kinder im Umgang mit Hunden

IM UMGANG MIT DEM EIGENEN HUND

Damit es mit Kind und Hund zusammen entspannt bleibt, müssen Kinder einige Regeln im Umgang mit dem Hund lernen. Dazu gehören insbesondere das Beachten der Individualdistanz sowie der respektvolle Umgang mit dem Hund. Ein Kleinkind versteht diese Regeln anfangs natürlich noch nicht, sodass in diesem Fall Sie als Eltern in der Pflicht sind, Ihr Kind zu beobachten und notfalls einzugreifen, um Kind und Hund zu trennen. Aber auch Kleinkinder ab ca. 2 bis 3 Jahren können bereits Verhaltensregeln lernen, vor allem, wenn diese den Eltern wichtig sind. So sind Eltern z. B. sehr achtsam, wenn das Kind in die Küche geht und mit den Fingern auf die heiße Herdplatte greifen will. Schnell ist man vor Ort, greift ein, und macht dem Kind durch deutliches Grenzen setzen klar, dass dieses Verhalten nicht erwünscht ist. Letztendlich kann der Hund für das Kind genauso eine Gefahrenquelle sein wie der Herd. Denn auch wenn ein Hund noch so lieb ist, hat er Zähne, die er im Notfall, wenn er sich so bedrängt fühlt, dass er sich nicht anders zu helfen weiß, einsetzen wird. Regeln müssen immer individuell aufgestellt werden. Ist für den einen Hund ein Streicheln von oben schon zu viel, liebt der andere Hund es, wenn sich das Kind richtig an ihn ankuschelt. Beobachten Sie Ihren Hund daher im Umgang mit Ihrem Kind genau, und besprechen Sie dann mit Ihrem Kind, welche Individualdistanz Ihr Hund braucht. Einige Regeln gelten für alle Kind-Hund-Beziehungen.

DEN HUND NICHT BEDRÄNGEN

Grundsätzlich dürfen Kinder Hunde nicht bedrängen. Sie müssen lernen, ihre Körpersprache der Sprache des Hundes anzupassen. Ob ein Hund ein Verhalten als zu eng und zu bedrängend empfindet, können Sie an der Reaktion des Hundes und seiner Körpersprache erkennen. Viele Hunde empfinden es als unangenehm, wenn Menschen sich über sie beugen. Kinder machen dies gern, wenn sie den Hund streicheln wollen. Manchmal werfen sie sich sogar auf den Hund, legen sich auf ihn drauf, wollen ganz engen Körperkontakt. So etwas genießen die wenigsten Hunde. Genauso wird ein intensives Anschauen vom Hund in der Regel als Anstarren und damit als fixierende Drohgeste empfunden.

Die anderthalbjährige Ronja hat noch nicht gelernt, vorsichtig mit Frieda umzugehen.

Viele Kinder sind einfach neugierig und wollen sich den Hund ganz nah und ganz intensiv anschauen. Erklären Sie Ihrem Kind, dass Ihr Hund sich dann unwohl fühlt, vor allem, wenn Ihr Kind ihm direkt in die Augen sieht.

DEN HUND NICHT ZU ETWAS ZWINGEN

Der Hund ist kein Spielzeug, wenn er etwas nicht will, darf er nicht dazu gezwungen werden. Dabei ist es egal, ob es sich um eine lange Umarmung oder das Anziehen von Puppenkleidern handelt. Wenn ein Hund weggeht, sich wegdreht oder beschwichtigende Gesten zeigt, muss das Kind die Handlung abbrechen. Kinder dürfen Hunde auch nicht einfach so hochheben, weder den kleinen Hund noch den Welpen. Der Welpe oder kleine Hund wird in der Regel anfangen zu zappeln, denn die wenigsten Hunde lieben es, getragen zu werden. Ein Kind kann einen auf dem Arm zappelnden Hund dann aber oft nicht festhalten, sodass die Gefahr besteht, dass der Hund sich verletzt, wenn er fallengelassen wird. Erklären Sie Ihrem Kind, dass Ihr Hund gern läuft. Viele Kinder wollen auf dem Spaziergang auch lieber selbst laufen als getragen zu werden. So kann Ihr Kind verstehen, wie der Hund sich fühlt.

DEN HUND NICHT ÄRGERN/KORRIGIEREN

Der Hund darf nicht vom Kind geärgert werden, an Rute und Ohren ziehen oder den Hund erschrecken ist absolut tabu! Erklären Sie Ihrem Kind, dass Ihr Hund ein Lebewesen ist, das ebenfalls Schmerzen fühlt. Lassen Sie Ihr Kind z. B. beschreiben, wie es sich gefühlt hat, als es vor kurzem hingefallen ist und sich das Knie aufgeschlagen hat. Verdeutlichen Sie Ihrem Kind, dass Hunde Schmerzen genauso fühlen wie wir Menschen, und sie deshalb Hunden gegenüber niemals körperlich werden dürfen. Hunde wollen genauso wenig getreten, gekniffen oder geschlagen werden wie das Kind selbst! Auch jede Korrektur des Hundes durch das Kind ist verboten! Wenn sich ein Hund nicht hinsetzen will, darf er vom Kind nicht körperlich dazu gezwungen werden, indem dieses den Hintern des Hundes herunterdrückt. (Abgesehen davon, dass eine solche Korrektur auch aus lerntheoretischer Sicht nur wenig sinnvoll ist. Vielmehr Sinn macht hier das Training mit positiver Verstärkung! Siehe S. 65)

Wird das Kind vom Hund bedrängt, darf es diesen ebenfalls nicht korrigieren, es soll kein Kräftemessen stattfinden, das im Zweifel für das Kind ungünstig ausgehen wird. Vielmehr sollte das Kind sich abwenden und die Eltern zu Hilfe rufen.

Juliane nimmt Ronja von Frieda weg, bevor diese zu weiteren Maßnahmen wie Knurren greifen muss.

Juliane beschäftigt Ronja mit einem Spielzeug. Diese verliert das Interesse an Frieda.

Die meisten Hunde lieben Streicheleinheiten. Diese sollten jedoch vorsichtig ausgeführt werden.

STREICHELN LERNEN

Ganz wichtig ist, dass Regeln nicht immer nur Verbote enthalten dürfen. Besprechen Sie daher mit Ihrem Kind nicht nur, was es alles in Bezug auf Ihren Hund NICHT darf, sondern auch, was alles erlaubt ist, was Ihr Hund gern mag! Die meisten Hunde lieben es, gestreichelt zu werden, jedoch nicht überall und nicht mit ruppigem Klopfen. Zeigen Sie Ihrem Kind, dass Ihr Hund z. B. seitlich am Hals oder am Bauch gern gestreichelt wird. Von oben auf dem Kopf gestreichelt zu werden, ist für die meisten Hunde jedoch unangenehm. Achten Sie selbst auch darauf, wie Sie Ihren Hund streicheln. Grobes Abklopfen des Hundes wird immer noch von vielen Menschen als Lob verwendet, vom Hund aber meist eher als unangenehm empfunden. Gerade Kleinkinder müssen sanftes Streicheln erst einmal erlernen, da es ihnen aufgrund der noch nicht gut entwickelten Motorik oftmals schwer fällt. Setzen Sie sich am besten einfach mit Ihrem Kleinkind zu Ihrem Hund und streicheln Sie den Hund gemeinsam. Zusammen mit Mamas oder Papas Hand fällt vieles direkt leichter.

GEMEINSAM SPIELEN

Das Schönste an der Hundehaltung ist für Kinder wohl immer noch das gemeinsame Spiel. Doch wie sollte dies überhaupt aussehen? Ihr Kind muss lernen, dass Hunde unter Umständen andere Vorlieben haben als das Kind selbst. Besprechen Sie daher, was Ihr Hund gern macht und welche gemeinsamen Spiele es aus diesen Interessen heraus für Kind und Hund gibt. Ein Wettrennen mit Hund, Apportieren, Tricks oder gemeinsames Agility-Training, es gibt unzählige Möglichkeiten der gemeinsamen Beschäftigung von Kind und Hund, die beiden garantiert viel Spaß machen (siehe S. 136 ff.). Leiten Sie Ihr Kind im Spiel mit Ihrem Hund an, helfen Sie bei Bedarf und erfreuen Sie sich daran, den beiden Spielpartnern zuzuschauen. Beim Spiel darf es jedoch nicht zu rauen Situationen kommen, sowohl Ihr Kind als auch der Hund müssen lernen, sich zurückzunehmen. Wird das Spiel dem Kind zu heftig, bricht es einfach ab. So lernt gleichzeitig Ihr Hund, dass man sich besser etwas zurücknimmt, wenn man weiterspielen möchte. Dies hat er im Idealfall bereits als Welpe bei seinen Geschwistern gelernt. Um Beute sollte ein Kind niemals mit einem Hund streiten. Wenn ein Hund den Apportiergegenstand also nicht mehr hergeben möchte, muss Ihr Kind lernen, diesen einfach dem Hund zu überlassen. Zieh- und Zerrspiele sind also nicht erlaubt. Genauso wenig dürfen Jagdspiele zwischen Kind und Hund stattfinden. Hier kann es sonst schnell zu Verletzungen kommen, wenn aus dem Spiel Ernst wird (siehe S. 149). Generell müssen Sie Ihrem Kind beibringen, dass es immer dann, wenn es sich unwohl fühlt, die

Jeder hat einen eigenen Bereich. Der Liegeplatz des Hundes ist für die Kinder tabu, genauso wie der Hund die Spielecke der Kinder nicht unaufgefordert betreten darf.

Aktion mit Ihrem Hund abbrechen soll. Ihr Kind soll sich dabei möglichst ruhig verhalten und am besten Sie als Eltern als Hilfe hinzuziehen.

RUHEPLÄTZE SCHAFFEN

Sollen Kind und Hund entspannt zusammenleben, ist es wichtig, dass jeder einen Rückzugsort, einen sogenannten Ruheplatz hat. Erklären Sie Ihrem Kind, dass es beim Spiel mit Legobausteinen auch gerade keine Lust auf den Hund hat. Wäre dieser beim Kind im Kinderzimmer, würde er vermutlich alles gerade Aufgebaute umwerfen, wenn er ungeschickt durch das Zimmer läuft und dabei freudig mit der Rute wedelt. Denn er kann mit Legobausteinen nichts anfangen und hat für das gerade auf-

gebaute Puppenhaus kein Verständnis. Genauso möchte der Hund aber auch nicht immer das Kind in seiner Nähe haben, jeder braucht eine Zeit für sich, in der er vom jeweils anderen nicht gestört wird. Daher sollte der Hund grundsätzlich nur dann mit ins Kinderzimmer, wenn Sie als Eltern dabei sind und ihm dies erlauben. Das Kinderzimmer ist für den Hund tabu, hier hat das Kind seine Ruhezone und darf entspannt spielen. Aber auch der Hund darf nicht gestört werden, wenn er seine Ruhe haben will. Der Schlafplatz des Hundes ist daher für die Kinder tabu! Liegt der Hund auf seiner Decke oder in seinem Körbchen, dürfen die Kinder ihn dort nicht bedrängen oder stören, egal ob der Hund schläft oder nur vor sich hindöst.

MIT DEM HUND LEISE UMGEHEN

Hunde sind nur selten laut, und auch wenn es einige Hunderassen gibt, die vermehrt bellen, hört man von den meisten Hunden den Tag über doch eher selten mal einen Laut. Sie können dies Ihrem Kind verdeutlichen, indem Sie einfach einmal einen Tag lang zählen und aufschreiben, wie oft Ihr Hund gebellt hat. Vergleichen Sie diese Zahl dann mit der Häufigkeit, mit der wir Menschen miteinander sprechen. Dazu können Sie einfach einmal den Versuch machen, einen Tag lang nicht zu sprechen. Schnell wird Ihrem Kind klar werden, dass Menschen viel eher über Sprache miteinander kommunizieren als Hunde. Zudem hören Hunde sehr gut. Um dies Ihrem Kind zu verdeutlichen, reicht ein kleiner Test. Öffnen Sie die Kühlschranktür oder die Futtertonne oder knistern Sie mit der Leckerlitüte Ihres Hundes. Vermutlich wird er dieses Geräusch auch dann hören, wenn er sich gerade vollkommen entspannt auf seinem Liegeplatz im anderen Raum befindet. Somit wird Ihr Kind leicht begreifen, dass man einen Hund nicht anschreien muss, wenn man mit ihm kommunizieren will. Signale müssen nicht gebrüllt werden, sondern können in normaler Tonlage ausgesprochen werden.

Ihr Kind kann so aber auch verstehen, dass Ihr Hund es als unangenehm empfindet oder sich gegebenenfalls sogar fürchtet, wenn es laut schreiend durchs Haus rennt oder sich mit Geschwistern oder Freunden heftig streitet. Natürlich heißt das nun nicht, dass Ihr Kind nicht mehr durchs Haus rennen darf. Aber für die Umgebung der Liegeplätze des Hundes gilt dies in jedem Fall, hier muss Ihr Kind lernen, sich zurückzunehmen. Gerade unsichere Hunde leiden sonst oft sehr. In diesem Fall lassen Sie Ihre Kinder doch einfach einmal „Streit spielen", während Sie dabei Ihren Hund mit der Videokamera aufnehmen. Schauen Sie sich danach das Video gemeinsam mit Ihren Kindern an und besprechen Sie die Körpersprache Ihres Hundes und dessen Reaktionen. So können Sie Ihren Kindern genau erklären, welches Verhalten für Ihren Hund unangenehm ist.

WICHTIG

Regeln für Kinder im Umgang mit dem eigenen Hund

Den Hund nicht bedrängen
- Nicht über den Hund beugen.
- Dem Hund nicht in die Augen schauen.
- Nicht über den Hund klettern oder auf den Hund legen.

Den Hund zu nichts zwingen
- Den Hund nicht hochheben oder tragen.
- Den Hund nicht „verkleiden".

Den Hund nicht ärgern/korrigieren
- Dem Hund nicht wehtun, an Rute, Ohren, etc. ziehen.
- Den Hund nicht bestrafen.

Streicheln lernen
- Den Hund vorsichtig und sanft an der Seite oder am Bauch streicheln.
- Den Hund nicht auf dem Kopf streicheln.
- Den Hund nicht fest „abklopfen".

Gemeinsam spielen
- Je nach Vorliebe des Hundes gemeinsame Spiele auswählen.
- Beim Spiel nicht wild und laut werden.
- Spielabbruch bei bedrängendem Verhalten des Hundes, Eltern zu Hilfe holen.
- Keine Zieh- und Zerrspiele.
- Dem Hund nicht hinterherlaufen.

Ruhezonen einhalten
- Den Hund nicht ohne Erlaubnis der Eltern mit ins Kinderzimmer nehmen.
- Den Hund nicht beim Schlafen stören.
- Den Hund nicht beim Fressen stören.

Mit dem Hund leise umgehen
- Signale in normaler Tonhöhe verwenden.
- In Gegenwart des Hundes keine lauten Zorn- oder Wutausbrüche.

Jamie lebt nicht mit Kindern zusammen und findet die zweijährige Juli, die stürmisch auf ihn zu-läuft, etwas unheimlich. Hier sollten die Eltern den Kontakt regeln.

Sind Ihre Kinder bereits im Grundschulalter, können Sie diese Regeln auch auf ein großes Plakat schreiben und gut sichtbar für das Kind aufhängen. So hat dieses die Regeln vor Augen und wird immer wieder im Tagesablauf daran erinnert.

FREMDE HUNDE – ANDERE REGELN

Gerade Kinder, die in einer Familie mit Hund aufwachsen, sind oft auch generell im Umgang mit Hunden unbekümmert. Vor allem dann, wenn der eigene Hund gut sozialisiert ist und keine Probleme in Bezug auf die Kinder auftreten. Daher sollte auf einige Grundregeln im Umgang mit fremden Hunden besonderen Wert gelegt werden.

FREMDE HUNDE NICHT OHNE ERLAUBNIS DES HALTERS ANFASSEN

Nicht jeder Hund ist gleich und nicht jeder Hund mag gern Kinder. Viele Hunde, die Kinder nicht kennen, sind schnell überfordert und reagieren dann entweder ängstlich oder sogar aggressiv. Daher müssen Ihre Kinder lernen, dass sie fremde Hunde ohne die Erlaubnis des Halters niemals anfassen

und streicheln dürfen. Im Idealfall trainieren Sie dies von klein an gemeinsam mit Ihrem Kind, indem Sie beim Spaziergang mit Ihrem Kleinkind andere Hundehalter erst einmal ansprechen und bewusst fragen, ob der Hund Kinder mag und ob das Kind den Hund auch einmal streicheln darf. Idealerweise geraten Sie dabei auch einmal an einen Hund, der dies nicht mag, bzw. an einen Halter, der gerade keine Zeit für einen Plausch und Ihr Kind hat. So lernt es, dass seine Wünsche in Bezug auf fremde Hunde nicht immer erfüllt werden können. Denn Kinder müssen auch lernen, ein Nein zu akzeptieren!

Leider lassen viele Menschen Ihre Hunde immer noch allein angeleint vor einem Geschäft warten, während sie etwas erledigen müssen. Nicht nur, dass immer wieder vor Geschäften angeleinte Hunde gestohlen werden, es besteht auch das Risiko, dass es zu einer Verletzung eines anderen Menschen durch den Hund kommt. Denn ein Hund, der angeleint ist, hat keine Möglichkeit, sich zurückzuziehen, wenn ihm ein Kontakt zu viel wird. Er kann nur nach vorne gehen und sich verteidigen. Daher müssen Kinder lernen, niemals zu einem irgendwo angebundenen Hund hinzugehen.

KEIN SCHNELLES RENNEN IN ANWESENHEIT VON FREMDEN HUNDEN

Kinder müssen auch lernen, sich in Anwesenheit fremder Hunde zurückzunehmen. Sie sollten weder laut schreien, noch auf den Hund zustürmen, aber auch nicht dicht am Hund vorbei oder sogar vor dem Hund weglaufen. Erklären Sie Ihrem Kind, dass ein Hund, der Kinder nicht kennt, sich zum einen schnell vor Kindern fürchtet, die laut und stürmisch sind, es aber auch Hunde gibt, die gern anderen Hunden oder Kindern hinterherlaufen. Das kann für Ihr Kind schnell unangenehm werden, denn ein Hund wird in der Regel immer schneller sein als ein Kind. Natürlich kann es einmal sein, dass Ihr Kind einen fremden, frei laufenden Hund nicht bemerkt hat, und es dann doch zu der Situa-tion kommt, dass der Hund Ihrem Kind hinterher-rennt. Erklären Sie Ihrem Kind, dass es in dieser Situation sofort ruhig stehen bleibt. Es sollte dabei die Arme möglichst nicht hochreißen. Dies animiert Hunde nämlich gern dazu, hochzuspringen.

Fremde Hunde dürfen natürlich genauso wenig wie die eigenen Hunde von Kindern gejagt werden, dies ist immer tabu! Kinder dürfen Hunde niemals ärgern oder bewusst provozieren.

EIN GRUNDSTÜCK MIT FREI LAUFENDEM HUND NIEMALS OHNE ERLAUBNIS BETRETEN

Vor allem dann, wenn sich ein Hund hinter dem Gartenzaun befindet, fühlen sich viele Kinder sicher. Sie machen sich einen Spaß daraus, den Hund zu ärgern und immer wieder am Gartenzaun hin und her zu laufen. Damit Ihr Kind versteht, wie der Hund sich fühlt, lassen Sie es sich an eine Situation erinnern, in der es von seinen Freunden geärgert wurde. Es soll beschreiben, wie es sich gefühlt hat und was es am liebsten gemacht hätte, also dass es z. B. am liebsten weggelaufen wäre, oder aber vielleicht auch so wütend war, dass es die anderen Kinder am liebsten geschlagen hätte. Erklären Sie Ihrem Kind zudem, dass es immer einmal sein kann, dass der Halter des Hundes vergisst, das Gartentor zu schließen. Oder aber, dass es dem Hund auch beim Spaziergang begegnen könnte, und zwar während dieser im Freilauf ist. Hunde merken sich Menschen und Ereignisse genauso wie wir Menschen, und so kann es sein, dass der Hund genauso verärgert ist, wie es das Kind in der Situation mit seinen Freunden war. So kann es passieren, dass der Hund im Freilauf auf das Kind zustürmt und ihm Angst macht, oder dass er sogar beabsichtigt, das Kind zu korrigieren.

DIE RICHTIGE ANNÄHERUNG AN EINEN HUND

Doch egal, ob Kinder einen eigenen Hund haben oder nicht, gerade fremde Hunde besitzen häufig, wenn keine generelle Angst vorhanden ist, eine große Anziehungskraft für Kinder. Daher sollten Sie Ihren Kindern auch beibringen, wie diese sich

Beim Kontakt mit einem fremden Hund macht Mia sich klein und lässt den Hund erst mal schnuppern.

einem Hund nähern sollen, wenn der Halter des Hundes es erlaubt hat.

Dazu können Sie z. B. die Begegnungen von Hunden im Park beobachten oder sogar auf Video aufnehmen und im Anschluss an den Spaziergang mit Ihrem Kind anschauen und besprechen. Schnell werden Sie feststellen, dass ein entspannter Kontakt zwischen Hunden immer gleich abläuft. Die Hunde nähern sich in einem leichten Bogen, bis sie beieinander angekommen sind. Dann beschnüffeln sie sich gegenseitig und laufen dabei auch wieder in einem Bogen umeinander herum. Danach trennt man sich wieder und jeder der Hunde geht seiner Wege. Alternativ spielen die beiden Hunde miteinander: Entweder gibt es ein Laufspiel, bei dem einer der beiden Spielpartner dem anderen hinterher läuft oder aber ein körperliches Spiel, bei dem beide miteinander balgen und sich anrempeln. Zeigen Sie Ihrem Kind dann auch, wie eine Begegnung unter Hunden aussieht, die nicht freundlich gemeint ist. Keine Angst, dazu muss es gar nicht blutig werden! Leider lassen immer noch viele Menschen ihre Hunde einfach so ohne Rücksprache zu anderen Hunden laufen, und nicht alle Begegnungen sind dabei freundlich gemeint. So sieht man leider häufig, dass ein Hund frontal und geradewegs auf einen anderen Hund zuläuft. Die Körperhaltung ist dabei in der Regel sehr steif und drohend (S. 79), der Blick fixierend auf den anderen Hund gerichtet. Der andere Hund zeigt daraufhin entweder beschwichtigendes Verhalten (S. 79), er verdeutlicht durch seine Körpersprache, dass er sich in dieser Situation sehr unwohl fühlt und möchte dem anderen Hund damit vermitteln, dass er auf keinen Fall auf Streit aus ist. Der andere Hund kann dies akzeptieren und seiner Wege gehen, meist aber erst, nachdem er dem beschwichtigenden Hund durch deutliche Einschränkung wie ein frontales Begrenzen klar gemacht hat, dass er durchaus ungemütlich werden könnte. Es kann aber auch zu einem Streit der beiden Hunde kommen, der dann entweder für den einen oder den anderen der beiden Hunde entschieden wird.

Damit der Hund sich beim Kontakt mit dem Kind nicht unwohl oder sogar zu einer aggressiven Reaktion herausgefordert fühlt, sollte sich das Kind dem Hund genauso nähern, wie es ein freundlich gestimmter Hund tun würde. Es sollte also nicht frontal und geradewegs auf den Hund zulaufen, und diesen dabei auch nicht direkt fixieren. Erklären Sie Ihrem Kind, dass es aus Hundesicht höflich ist, sich in einem leichten Bogen dem Hund zu nähern. Beim Hund angekommen, sollte sich das Kind nicht über den Hund beugen und diesen vielleicht sogar noch umarmen, sondern besser erst einmal seitlich hockend Kontakt aufnehmen. Dazu kann es den Hund an seiner Hand schnüffeln lassen. Reagiert der Hund entspannt, darf das Kind ihn vorsichtig seitlich streicheln. Über den Kopf werden Hunde nicht gern gestreichelt!

WICHTIG

Regeln für den Umgang mit fremden Hunden

- Den Halter des Hundes immer zuerst fragen, ob der Hund gestreichelt werden darf. Ein Nein auch akzeptieren.
- Angeleint wartende Hunde, z. B. vor einem Geschäft, niemals streicheln.
- An Hunden niemals dicht vorbeirennen, da sonst der Hund zum Hinterherrennen animiert werden könnte.
- Vor einem heranstürmenden Hund nicht weglaufen. Ruhig stehen bleiben, ohne die Arme hochzureißen und sich eventuell wegdrehen.
- Ein Grundstück mit frei laufendem Hund niemals ohne Erlaubnis betreten. Den Hund hinter einem Gartenzaun nicht ärgern.
- Nicht frontal auf den Hund zulaufen.
- Den Hund nicht fixieren oder umarmen.
- Seitlich hocken und den Hund Kontakt aufnehmen lassen.
- Den Hund vorsichtig an der Seite streicheln.

Diese Regeln können Sie natürlich auch anwenden, wenn Sie mit Ihrem eigenen Hund auf fremde Kinder treffen, die diesen z. B. streicheln wollen. Allerdings sind Sie hier auf die Mithilfe der Eltern angewiesen. Wenn Sie sich daher nicht sicher sind, dass ein Kontakt des Kindes mit Ihrem Hund entspannt für beide Seiten, also sowohl für das Kind als auch für Ihren Hund, ausfallen wird, lassen Sie diesen besser einfach gar nicht zu. Halten Sie Ihren Hund bei sich an der Leine, am besten leicht hinter sich, und erklären Sie dem Kind, dass ein Kontakt zum Hund leider gerade nicht möglich ist. Wenn Sie den Kontakt des Kindes zu Ihrem Hund jedoch zulassen wollen, erklären Sie dem Kind jeweils vorab, wie es sich Ihrem Hund am besten nähert und wo dieser am liebsten gestreichelt wird.

REGELN GELTEN AUCH FÜR BESUCH

Gerade in Familien geht es oft turbulent zu. Kinderbesuch ist an der Tagesordnung und nicht alle Kinder kennen sich im Umgang mit Hunden aus. Zunächst einmal sollte generell kein Besucher die Möglichkeit haben, ohne Anmeldung das Haus oder den Garten zu betreten. Denn wenn der Hund den eintretenden Gast als Erster bemerkt, kann auch der sonst so freundliche Hund den Gast einmal anspringen. Ein Kind ist dann schnell verängstigt, und wenn es nun verschreckt wegläuft, startet der Hund dadurch animiert eventuell ein Jagdspiel, Panik des Kindes ist die Folge. Daher sollte die Gartentür bzw. die Haustür immer verschlossen sein, sodass die Eltern die Möglichkeit haben, den Erstkontakt zwischen Hund und Besucher bzw. Besucherkind herzustellen.

Bei Kinderbesuch müssen die Eltern besonders auf das Zusammenspiel von Hund und Kindern achten und gegebenenfalls einschreiten. Im Idealfall wird der erste Kontakt direkt dazu genutzt, um das Kind über die wichtigsten Verhaltensregeln im Umgang mit Hunden aufzuklären. Kinder verhalten sich beim ersten Kontakt sehr unterschiedlich.

DER HUND ALS KUSCHELTIER

Es gibt Kinder, die sich mit einem lauten Begeisterungsschrei direkt auf den Hund stürzen, um ihn zu streicheln wie ein Kuscheltier. Hier gilt es in erster Linie, den Hund zu schützen, der durch so einen spontanen „Angriff" überrascht mit Abwehrschnappen reagieren kann.

Diesen Kindern muss man erklären, dass Hunde generell sehr leise kommunizieren. Eine Begrüßung findet immer ruhig statt, auf keinen Fall rennt ein Hund auf einen anderen frontal zu. Dann geht man mit dem Besucherkind gemeinsam in einem leichten Bogen in die Nähe des Hundes, hockt sich hin und ruft diesen zu sich. Der Hund darf nun das Kind an der Hand abschnüffeln und das Kind im Gegenzug den Hund vorsichtig am Hals streicheln.

DER HUND ALS BEDROHUNG

Vor allem Kinder, in deren Familie kein Hund lebt, finden die Begegnung mit Hunden oft bedrohlich bzw. beängstigend. Sie können den Hund und seine Verhaltensweisen nicht einschätzen. Dies gilt vor allem für Kinder, deren Eltern selbst Angst vor Hunden haben und die diese Angst, bewusst oder unbewusst, auf ihre Kinder übertragen.

So gibt es Kinder, die vor Angst erstarren, wenn sich ihnen ein Hund nähert. Sie behalten die Gefahr fest im Auge, fixieren somit den Hund aus dessen Sicht und signalisieren ihm, dass hier etwas nicht stimmt. So kann auch ein freundlicher Hund durch das seltsame, fast schon bedrohliche Verhalten des Kindes verunsichert werden und dieses anbellen. Das fördert dann nicht gerade das Zutrauen des Kindes.

Andere Kinder drehen sich um und rennen weg, wenn ein Hund auf sie zukommt. Dies kann beim Hund dazu führen, dass er ein Renn- und Jagdspiel startet und dem Kind begeistert hinterher läuft. Fällt das Kind vor lauter Panik hin, kann im schlimmsten Fall die Situation umschlagen, aus Spiel wird Ernst und der Hund fängt die Beute.

Damit eine solch furchtbare Situation gar nicht erst entsteht, sollte der Hund beim Erstkontakt mit ängstlichen Kindern nicht frei herumlaufen. Wenn Sie nicht wissen, wie das Besucherkind reagiert, nehmen Sie Ihren Hund einfach sicherheitshalber an die Leine. Frei laufen lassen können Sie ihn immer noch, wenn das Kind beim Kontakt mit dem Hund entspannt ist. Bei ängstlichen Besucherkindern sollte Ihr Hund in einer Box oder angeleint auf seinem Platz abliegen. Auch wenn Ihr Hund eigentlich ohne Leine bereits brav auf seinem Platz liegen bleibt, sollten Sie ihn mit der Leine sichern, da diese Sicherung des Hundes für das Kind deutlich sichtbar ist. Das Kind weiß nun, dass ein ungewollter Kontakt mit dem Hund nicht stattfinden kann. Wenn das Besucherkind dann auch noch merkt, dass sich der Hund gar nicht für es interessiert, wird es immer mehr Zutrauen bekommen und vielleicht einmal eine Annäherung starten. Diese darf man jedoch auf keinen Fall erzwingen, indem man das Kind ständig ermuntert, den Hund doch einmal mit einem Futterbrocken zu füttern.

GLEICHE REGELN FÜR ALLE
Natürlich müssen sich auch Besucherkinder an die gleichen Regeln wie Ihre eigenen Kinder halten. Dies gilt eigentlich für alle hier genannten Regeln (siehe S. 86). Machen Sie doch einfach ein Spiel daraus, indem Sie viele verschiedene Regeln aufschreiben und die Kinder raten lassen, welche davon richtig sind. Vielleicht möchte Ihr eigenes Kind aber auch seinen Freunden zeigen, was es selbst schon über den eigenen Hund weiß, und den Freunden die Regeln sowie den Umgang mit dem Hund erklären. Wenn Ihr Kind jetzt noch einen Trick mit Ihrem Hund vorführt (siehe S. 140), wird die Begeisterung der Freunde groß sein.

Dennoch, Besucherkinder sind den Umgang mit Ihrem Hund nicht gewohnt, selbst wenn sie einen eigenen Hund haben. Denn dieser Hund kann vom Wesen und Charakter her ganz anders als Ihr eigener Hund sein und daher auch ein ganz anderes Verhalten zeigen. Aus diesem Grund dürfen Sie Ihren Hund niemals aus den Augen lassen, wenn sich Besucherkinder im Haus befinden, erst

recht nicht, wenn Ihr Hund frei laufend mit den Kindern im Haus oder Garten spielt. Denn gerade wenn Freunde da sind, möchte Ihr Kind vielleicht doch einmal mehr zeigen, was es alles kann, und überfordert dadurch unbewusst den Hund. Einige Kinder neigen auch dazu, den eigenen Hund zu manipulieren, also zu Handlungen zu zwingen, um besonders toll vor den Freunden dazustehen. Und selbst wenn die Kinder sich alle gar nicht für Ihren Hund interessieren, kann es dennoch zu Situationen kommen, in denen Sie eingreifen müssen. Spielen die Kinder z. B. sehr wild miteinander, wobei das eigene Kind das Opfer spielt, also von den anderen Kindern gejagt wird, kann der Hund „sein" Kind in echter Gefahr glauben und versuchen, ihm beizuspringen und zu helfen, indem er die anderen Kinder maßregelt. Diese Gefahr besteht umso mehr, wenn das Spiel der Kinder wirklich in einen Streit ausartet.

Fremde Kinder müssen erst lernen, dass Crispy nicht gern von vorne umarmt wird.

Hunde brauchen klare Strukturen

Nicht nur Ihr Kind muss lernen, wie es sich gegenüber Ihrem Hund verhält, auch Ihr Hund braucht Regeln im Umgang mit Ihrem Kind. Beachten Sie, dass Regeln, wenn sie einmal aufgestellt wurden, konsequent eingehalten werden sollten, da Ihr Hund sonst nicht erkennen kann, welche Regeln nun gelten und welche Sie flexibel auslegen. Vor allem bei Welpen muss man bedenken, dass diese noch um einiges größer werden. Wenn der kleine Welpe am Kind hochspringt, finden dies viele Menschen noch niedlich und lustig. Ist aus dem Welpen aber ein Jahr später ein großer und stattlicher Neufundländer geworden, der das Kind mit Schwung umwirft, wenn er zur Begrüßung freundlich an ihm hochspringt, findet dies keiner mehr lustig. Überlegen Sie daher mit dem Einzug Ihres Hundes, welche Regeln für Ihren Hund gelten sollen und halten Sie diese dann auch immer konsequent ein. Grundsätzlich gilt: Ein Hund darf dem Kind gegenüber nicht körperlich werden. Er darf das Kind also weder anspringen, noch ihm hinterher jagen und es auch nicht korrigieren.

REGELN FÜR HUNDE

ANSPRINGEN IST NICHT ERLAUBT

Bringen Sie Ihrem Hund am besten bei, dass Menschen generell nicht angesprungen werden dürfen, auch nicht Sie selbst. Springt Ihr Hund Sie also an, wenn Sie nach Hause kommen, ignorieren Sie dieses Verhalten. Das bedeutet, dass Sie Ihren Hund weder anschauen, noch ansprechen oder anfassen sollen. Auch wenn Sie Ihren Hund jetzt korrigieren, indem Sie mit ihm schimpfen und ihn herunterdrücken, bedeutet diese Korrektur für Ihren Hund doch auch Aufmerksamkeit und damit eine unbewusste Verstärkung des Verhaltens. Gehen Sie daher einfach durch Ihren Hund hindurch, hängen Sie Ihre Jacke weg, räumen Sie die Einkäufe ein.

Keks lernt sitzen zu bleiben und ruhig auf die Freigabe zu warten, wenn seine Menschen nach Hause kommen.

Ihren Hund begrüßen und beachten Sie erst dann, wenn er ruhiges und abwartendes Verhalten zeigt. Rufen Sie ihn zu sich und streicheln Sie ihn. Bücken Sie sich dazu aber zu Ihrem Hund herunter, damit er Sie nicht direkt erneut anspringt. Alternativ können Sie Ihrem Hund in dem Augenblick, in dem er Sie anspringen möchte, ein anderes Signal wie z. B. „Sitz" geben. Voraussetzung ist, dass Ihr Hund bereits gelernt hat, sich unter Ablenkung und in schwierigen Situationen zu setzen (siehe S. 73 ff.). Ein Hund, der sitzt, kann nicht gleichzeitig den Menschen anspringen. Setzt sich Ihr Hund nun also hin, können Sie ihn für dieses Verhalten belohnen. Hierzu können Sie ihm z. B. einen Keks werfen, dem er hinterherlaufen und den er dann gegebenenfalls suchen darf. Über diese Handlung vergeht dann so viel Zeit, dass Ihr Hund gar keine Motivation mehr haben wird, Sie zur Begrüßung anzuspringen. Auch Besucher oder fremde Menschen auf dem Spaziergang sollte Ihr Hund nicht anspringen dürfen. Informieren Sie Besucher zu Hause darüber, dass diese sich genauso wie Sie dem Hund gegenüber zur Begrüßung ignorant verhalten. Anspringen wird ignoriert, Ihr Hund erhält wiederum erst Aufmerksamkeit vom Besuch, wenn er sich ruhig und abwartend verhält. Üben Sie zudem Begegnungen mit fremden Menschen auf dem Spaziergang. Verabreden Sie sich dazu mit einem Bekannten, den Ihr Hund nicht so gut kennt, z. B. im nahe gelegenen Park. Nachdem Sie mit Ihrem Hund zum Spaziergang aufgebrochen sind, treffen Sie nach einiger Zeit „zufällig" Ihren Bekannten. Begrüßen Sie Ihren Bekannten nun, zuvor aber lassen Sie Ihren Hund ein kleines Stück hinter Ihnen absitzen, denn er soll gar keine Möglichkeit haben, Ihren Bekannten doch noch abzuschnüffeln und anzuspringen. Stellen Sie zur Sicherheit einen Fuß auf die Leine, das Ende der Leine behalten Sie aber natürlich weiterhin in der Hand. Bleibt Ihr Hund brav sitzen, belohnen Sie ihn dafür. Nun geben Sie ihn frei und er darf Ihren Bekannten ebenfalls begrüßen. Dieser sollte sich dazu zum Hund bücken, damit Ihr Hund ihn nicht doch noch anspringt.

Wenn Ihr Hund Ihre Kinder anspringt, gilt im Grunde genommen die gleiche Regelung wie bei allen anderen Kontakten. Erklären Sie Ihren Kindern, dass diese den Hund ignorieren sollen und ihm keine weitere Aufmerksamkeit schenken dürfen. Allerdings sollten Ihre Kinder nicht einfach weiterlaufen, sie sollten ruhig stehen bleiben und warten. Hört Ihr Hund nun nicht sofort auf, Ihr Kind anzuspringen, gehen Sie zu den beiden und nehmen Sie Ihren Hund an die Leine. Sie sind derjenige, der jetzt die Verantwortung übernehmen, der handeln muss. Bringen Sie Ihren Hund ruhig auf seinen Platz und legen Sie ihn dort ab oder aber sichern Sie ihn über die Leine. Dabei brauchen Sie nicht grob werden oder mit Ihrem Hund gar schimpfen, denn Sie wollen ihn jetzt nicht bestrafen. Er soll nur eine kurze Auszeit bekommen. Erst wenn er ruhiges Verhalten zeigt, darf er wieder frei laufen.

Da Keks ruhig sitzen geblieben ist, wird er nun ausgiebig von der Familie begrüßt.

HUNDE DÜRFEN KINDER NICHT VERFOLGEN

Hunde rennen Kindern vor allem dann gern hinterher, wenn diese sich dynamisch bewegen oder aber vor dem Hund weglaufen. Damit Hunde lernen, Kindern nicht hinterher zu jagen, müssen sie lernen, Reize auszuhalten, also ein sogenanntes Impuls-Kontrolltraining. Trainieren Sie mit Ihrem Hund dazu zunächst einmal, dass er einem Gegenstand, den Sie werfen, egal aus welcher Situation heraus, nicht hinterher rennt (siehe S. 73 ff.). Danach beziehen Sie Ihre Kinder in das Training mit ein. Ihre Kinder sollen sich nun langsam von einer Seite des Raumes oder Gartens zur anderen Seite bewegen. Ihr Hund soll dabei auf seinem Liegeplatz liegen bleiben. Schafft er die Aufgabe, belohnen Sie ihn. Schritt für Schritt weisen Sie Ihre Kinder nun an, immer schneller und dynamischer zu laufen. Gern dürfen Sie nun auch z. B. einen Ball ins Spiel der Kinder miteinbeziehen. Hält Ihr Hund diese Reize gut aus, soll er im nächsten Schritt nicht mehr auf seinem Platz liegen, sondern sich selbst auch im Raum oder Garten bewegen. Dazu können Sie z. B. mit Ihrem Hund ein Apportiertraining durchführen. Dieses müssen Sie natürlich zuvor ohne diese Ablenkungen mit Ihrem Hund aufgebaut haben (siehe S. 138). In dem Augenblick, in dem Ihr Hund mit dem Apportiergegenstand im Maul auf dem Rückweg zu Ihnen ist, laufen Ihre Kinder los. Kommt Ihr Hund brav zu Ihnen und bringt Ihnen den Gegenstand, gibt es natürlich eine tolle Belohnung. Lässt Ihr Hund den Gegenstand jedoch fallen und rennt den Kindern hinterher, bleiben diese sofort stehen. Gehen Sie dann im Training wieder ein paar Schritte zurück und üben Sie erst einmal die dynamische Bewegung Ihrer Kinder, während Ihr Hund abliegt. Festigen Sie zudem das Apportiertraining, indem Sie auch hier die Ablenkungen schwieriger gestalten. Als weitere Steigerung des Impuls-Kontrolltrainings können Ihre Kinder loslaufen, wenn Ihr Hund sich gerade auf dem Hinweg zur Beute befindet. Klappt auch dies problemlos, ist es an der Zeit, die Übung auch dann durchzuführen, wenn Ihr Hund sich einfach nur im Freilauf befindet, also bewegt, ohne beschäftigt zu werden. Ihre Kinder sollen sich auf ein Zeichen von Ihnen auf einmal dynamisch bewegen und weglaufen. Achten Sie anfangs darauf, dass Ihr Hund sich nicht gerade direkt neben den Kindern, sondern in einiger Distanz zu diesen und z. B. eher in Ihrer Nähe befindet. Vermutlich wird Ihr Hund Sie nun verunsichert anschauen. Bestätigen Sie ihn dann sofort mit einem Lob. Schritt für Schritt steigern Sie nun die Dynamik, indem Ihre Kinder schneller laufen und Ihr Hund sich immer mehr auch direkt neben Ihren Kindern befindet. Gleichzeitig zur Impuls-Kontrolle lernt Ihr Hund damit auch, dass Sie als Eltern die Kinder offensichtlich im Griff haben. Wenn Sie für das Loslaufen und Stoppen der Kinder nun noch die Signale verwenden, die Ihr Hund bereits kennt, wird er schnell merken, dass die Kinder offensichtlich gut auf Sie hören. Eine Erziehung von seiner Seite aus ist damit nicht notwendig.

WENN HUNDE KINDER KORRIGIEREN

Wenn ein Hund einem Kind gegenüber körperlich wird, indem er dieses z. B. korrigierend anspringt oder sogar nach ihm schnappt, müssen die Eltern sofort eingreifen. Das Kind darf keinesfalls den Hund für dieses Verhalten bestrafen, es soll sofort die Eltern rufen. Diese korrigieren den Hund dann wiederum dafür, indem Sie ihn z. B. auf seinen Platz schicken. Bleibt der Hund dort noch nicht für einige Zeit liegen, muss er durch eine Leine gesichert werden. Erst wenn sich die Situation beruhigt hat, darf der Hund wieder frei laufen. Sie müssen aber auch Ihrem Kind erklären, was es falsch gemacht hat und müssen es zur Ordnung rufen. War der Auslöser für die Korrektur des Hundes also eigentlich ein Fehlverhalten des Kindes, müssen Sie auch das Kind auf seinen Platz, also z. B. in sein Zimmer schicken. Dadurch sieht Ihr Hund, dass Sie die Verantwortung für die Situation übernehmen und zudem, dass Sie für die Erziehung Ihres Kindes verantwortlich sind und Ihr Kind offenbar auch beeinflussen können. Nur so kann Ihr Hund lernen, dass nicht er für die Erziehung des Kindes zuständig ist.

Der Australian Shepherd zeigt häufig starkes territoriales Verhalten, weshalb dynamisch herum-laufende Kinder oftmals schnell gestoppt werden. Hier müssen die Eltern sofort eingreifen.

AUFBAU DER BEISSHEMMUNG

Grundsätzlich müssen Hunde lernen, Menschen und hier insbesondere Kindern gegenüber eine besonders starke Beißhemmung aufzubauen. Ein Welpe lernt normalerweise in seiner Welpenzeit im Spiel mit den Geschwistern, dass zu fest zubeißen nicht sinnvoll ist. Das Geschwisterchen wird dann nämlich das Spiel abbrechen oder aber selbst fest zurückbeißen. Hunde lernen also durch das gemeinsame Spiel, ihre Beißkraft einzuschätzen und sich beim Spiel zurückzuhalten, denn sie haben eine enorme Kraft mit den Zähnen. Sie können problemlos Fleisch und Knochen zerteilen, sodass das Einschätzen der Beißkraft im Welpenalter für das Zusammenleben mit Artgenossen und eben auch mit Menschen eine der wichtigsten Lerner-fahrungen ist. Würden sich Hunde im Spiel immer wieder „aus Versehen" schwer verletzen oder sogar töten, wäre das Überleben der Art nicht gesichert. Nun ist es aber so, dass wir Menschen eine viel empfindlichere Haut haben als Hunde. Uns schützt kein Fell und so führt ein stärkeres Zubeißen des Hundes, selbst wenn es in spielerischer Absicht erfolgte, auch direkt zu blauen Flecken oder sogar blutigen Verletzungen. Welpen lernen daher im Idealfall schon beim Züchter, spätestens aber wenn sie in ihr neues Zuhause einziehen, dass man mit Menschen noch vorsichtiger umgehen muss als mit Artgenossen. Wenn Ihr Welpe im Spiel mit Ihnen also zu fest zubeißt, schreien Sie einmal kurz auf und brechen Sie dann das Spiel ab. So lernt Ihr Welpe schnell, dass Zubeißen, aber z. B. auch mit den Zähnen die Haut liebevoll anknabbern, wie es Hunde untereinander bei der Fellpflege machen, beim Menschen nicht erlaubt ist. Auch Züchter sollten darauf achten, dass die Welpen nicht in die Schnürsenkel oder Hosenbeine beißen, denn diese sind sozusagen das Fell des Menschen. Der Welpe soll lernen, den Körper des Menschen im Gesamten zu respektieren, samt Kleidung.

Verbeißt sich ein Welpe doch einmal in das Hosenbein, wird er einfach sanft weggenommen und an einer anderen Stelle wieder abgesetzt. Hier gibt es dann auf einmal viele andere Dinge zu entdecken, sodass das ursprüngliche Vorhaben schnell wieder vergessen ist.

HUNDE DÜRFEN KINDERN KEIN ESSEN KLAUEN

Ihr Hund muss lernen, Ihrem Kind kein Essen bzw. keine Gegenstände aus der Hand zu klauen. Dazu soll er zunächst einmal lernen, dies bei Ihnen zu respektieren. Nehmen Sie dazu ein Brötchen in die Hand und setzen Sie sich auf einen Stuhl. Lassen Sie das Brötchen verführerisch mit Ihrem Arm herunterhängen. Über den Aufbau des Signals „Tabu" (siehe S. 72) hat Ihr Hund bereits gelernt, dass Dinge, die Sie in der Hand halten, für ihn tabu sind. Steigern Sie die Schwierigkeit der Übung nun, indem Sie sich im Raum bewegen und das Brötchen dabei hin und her bewegen. Ignoriert Ihr Hund diese Bewegungen, loben Sie ihn. Nun geben Sie Ihrem Kind das Brötchen in die Hand. Ignoriert Ihr Hund das verlockende Essen weiterhin, wird er wieder von Ihnen belohnt. Versucht er aber am Brötchen zu schnüffeln oder sogar hineinzubeißen, bringen Sie ihn kommentarlos weg und legen ihn für einige Zeit auf seiner Decke ab. Festigen Sie die vorherigen Übungen, bevor Sie die schwere Übung erneut angehen. Bei sehr kleinen Kindern können Sie den Hund auch mit dem zuvor aufgebauten Korrekturwort korrigieren, da Babys bzw. Kleinkinder hier noch kein so großes Verständnis für die Worte und die Zusammenhänge zeigen, sodass keine Gefahr der Nachahmung besteht. Bei älteren Kindern sollte eine Korrektur des Hundes jedoch nicht in Anwesenheit der Kinder erfolgen, um das Nachahmen zu verhindern (siehe S. 98).

WICHTIG

Regeln für den Hund im Umgang mit dem Kind

- Der Hund darf das Kind nicht anspringen.
- Der Hund darf das Kind nicht jagen.
- Der Hund darf das Kind nicht korrigieren.
- Der Hund darf dem Kind keine Gegenstände bzw. kein Essen aus der Hand klauen.

ELTERN – VORBILDER UND LEITFUNKTION

Obschon die Haltung eines Hundes für Kinder viele Vorteile bietet, darf nicht vergessen werden, dass dadurch auch Gefahren entstehen können. Selbst wenn Eltern alle Regeln beachten, kann es schnell im Alltag zu einer Situation kommen, in der ein bedrängter Hund ein Kind korrigiert.

Grundsätzlich muss man daher leider sagen: Es bleibt immer ein Restrisiko! Die wichtigste Regel im Umgang von Hund und Kind für Eltern ist daher wohl die folgende:

Hund und Kleinkind dürfen NIE allein gelassen werden.

Natürlich ist es im Alltag schwer, diese Regel immer einzuhalten. Klingelt gerade der Postbote, öffnet man vielleicht doch einmal schnell die Tür, ohne den Hund vorher in seine Box zu bringen oder das Kind zu holen und auf den Arm zu nehmen. Aber zwei Minuten können bereits ausreichen, um nicht wieder gut zu machenden Schaden anzurichten. Daher muss man immer wieder betonen, dass diese Regel oberstes Gebot ist! Kein Besuch kann so wichtig sein, wie die Gesundheit Ihres Kindes. Im schlimmsten Fall wird der Postbote gehen, ohne Ihnen Ihr Paket zu überreichen, und Sie müssen es später auf dem Postamt selbst abholen. Gerade, wenn Sie wissen, dass es vielleicht ein bis zwei Minuten dauert, bis Sie Ihren Hund z. B. in seine Box gebracht und dort gesichert haben, können Sie auch einfach einen Zettel mit dieser Information an die Tür hängen. Wenn Ihr Besuch oder auch Ihr Postbote weiß, dass es zwei Minuten dauert, wird er dafür mit Sicherheit Verständnis haben und einen Augenblick warten.

POSITIVER UMGANG MIT DEM HUND

Eltern sind Vorbilder für ihre Kinder, so wie sie handeln, machen es die Kleinen nach. Daher sollte der Umgang mit dem Hund stets positiv sein und

Wenn Hund und kleinere Kinder kurzzeitig allein gelassen werden müssen, sollten Sie Ihren Hund sichern, z. B. in einer Hundebox.

dem Kind das Verständnis für ein anderes Lebewesen nahebringen. Wird der Hund nicht respektvoll behandelt, sondern ständig angeschrien und während des Trainings mit Gewalt zu Handlungen gezwungen, wird dieser Umgang auch für das Kind normal. Ziel sollte es aber sein, dem Kind Respekt vor den Bedürfnissen und Gewohnheiten anderer Lebewesen zu vermitteln. Achten Sie daher immer genau darauf, wie Sie mit Ihrem Hund umgehen und kommunizieren. Bringen Sie Ihrem Hund Signale über das Lernprinzip der positiven Verstärkung bei (siehe S. 65). Achten Sie auf die Bedürfnisse Ihres Hundes, lernen Sie, seine Körpersprache zu erkennen und zu verstehen und sprechen Sie selbst leise mit Ihrem Hund. Hunde verstehen eine leise Sprache! So wie Sie mit Ihrem Hund umgehen, wird es künftig auch Ihr Kind machen. Sowohl in Bezug auf den aktuellen Familienhund, als auch auf eventuelle spätere eigene Hunde.

KEINE KORREKTUR DES HUNDES IN ANWESENHEIT DES KINDES

Mit Korrekturen des Hundes in Anwesenheit der Kinder müssen Sie sehr vorsichtig sein. Überlegen Sie es sich also gut, ob Sie Ihren Hund für ein Fehlverhalten wirklich z. B. mit einem Schnauzgriff oder Nackenstoß korrigieren wollen, oder ob Sie die Situation einfach unterbrechen, indem Sie den Hund z. B. anleinen. Dabei ist es, je nach Situation, gar nicht mal immer unangebracht, einen Hund auch einmal zu korrigieren. Doch zu schnell können Ihre Kinder in Versuchung kommen, diesen „Griff" selbst einmal auszuprobieren. Und das kann dann nach hinten losgehen, der Hund wird sich diese Frechheit Ihres Kindes in aller Regel nicht gefallen lassen und es deutlich dafür korrigieren. Daher sollten Korrekturen wie der Schnauzgriff oder der Nackenstoß vor Kindern nach Möglichkeit gegenüber dem Hund nicht angewendet werden.

Familienzuwachs:
Ein Baby wird erwartet

Oft kommt es vor, dass der Hund bereits länger in der Familie ist und nun das erste Baby erwartet wird. Damit auch dann keine Probleme auftreten, muss man früh anfangen, den Hund auf die veränderte Situation vorzubereiten.

Hunde wissen in der Regel schon in der Schwangerschaft, dass sich etwas verändert. Sie riechen die Veränderung beim Menschen. Viele Hunde reagieren von sich aus vorsichtiger, indem sie nicht mehr auf den Bauch der Frau treten oder auch Frauchen intensiver bewachen. Daher ist gerade in der Schwangerschaft Vorsicht beim Kontakt mit fremden Menschen geboten. Nehmen Sie Ihren Hund gegebenenfalls an die Leine, wenn Besuch kommt oder Sie Menschen unterwegs treffen. Beobachten Sie Ihren Hund genau. Stellt oder setzt er sich immer wie zufällig vor Sie? Dann zeigt Ihr Hund bewachendes Verhalten, das Sie in diesem Fall unterbinden sollten. Setzen Sie Ihren Hund ein kleines Stück hinter Ihnen ab, so zeigen Sie ihm, dass Sie immer noch gut in der Lage sind, auf sich selbst aufzupassen und er diese Rolle auf keinen Fall übernehmen soll.

Unterstützung holen

Sind bereits Probleme in Bezug auf den Hund beim Kontakt mit Kindern bekannt, sollte frühzeitig ein professioneller Trainer aufgesucht werden.

GEFAHR VON TOXOPLASMOSE

Gerade in der Schwangerschaft zeigen einige Hunde auch verstärktes Pflegeverhalten, Hände und Füße aber auch der Bauch der schwangeren Frau werden vermehrt abgeleckt. Die gemeinsame Pflege innerhalb des Rudels bzw. einer Familie ist bei Hunden ein vollkommen natürliches Verhalten. Dennoch setzen Hunde hierbei auch individuelle Grenzen. Die eine Hündin liebt es, wenn der Rüde ihr die Ohren leckt und regelrecht durchkaut, die andere Hündin lässt dagegen gerade mal ein kurzes Schlecken zu, bevor sie ihre Individualdistanz einfordert. Entscheiden Sie daher für sich, wieviel Zuneigung Sie bei Ihrem Hund Ihnen gegenüber in dieser Situation zulassen wollen. Gesundheitlich bedenklich wird es hier insbesondere dann, wenn Ihr Hund gern Katzenkot frisst. War der Katzenkot toxoplasmahaltig, können Menschen sich mit Toxoplasmose anstecken. Diese Erkrankung ist generell für den Menschen nicht besonders gefährlich, es können Lymphknotenschwellungen, leichtes Fieber sowie Kopf- und Gliederschmerzen auftreten. Bei schwangeren Frauen, die aufgrund einer zurückliegenden Toxoplasmainfektion bereits einen positiven Titer, also Antikörper gegen Toxoplasmen, besitzen, besteht ebenfalls keine Gefahr für das ungeborene Baby. Wenn sich eine Frau jedoch zum ersten Mal während einer Schwangerschaft infiziert, kann dies zu großen Schäden beim Fötus führen. Es kann im ersten Drittel der Schwangerschaft zu einer Fehlgeburt kommen, im weiteren Verlauf sind Gehirnschäden des Neugeborenen mit weiteren schwerwiegenden Erkrankungen des Kindes möglich. Gerade wenn Hunde eine Vorliebe für Katzenkot haben, empfiehlt sich ein Bluttest zur Bestimmung des Toxoplasmose-Titers, möglichst noch vor der Schwangerschaft.

SCHEINTRÄCHTIGKEIT BEI EINER HÜNDIN

Bei Hündinnen sind zudem auch körperliche Veränderungen während der Schwangerschaft der Halterin möglich, so kann es z. B. zu Milcheinschuss kommen. Im Hunderudel ist dieser Vorgang vollkommen natürlich, da so das Überleben der Welpen gesichert ist, z. B. wenn die Mutterhündin stirbt. Da Ihre Hündin jedoch in keinem Fall die Versorgung Ihres Babys übernehmen soll, müssen Sie aufpassen, dass sich das Gesäuge nicht entzündet, wenn es zu verstärkter Milchproduktion kommt. Füttern Sie Ihrer Hündin daher in dieser Zeit einfach weniger und vor allem weniger gehaltvolles Futter. Je mehr Nahrung sie zur Verfügung hat, desto mehr Reserven kann sie in die Milchproduktion stecken. Überprüfen Sie täglich die Zitzen Ihrer Hündin auf eine Verhärtung oder Entzündung, drücken Sie aber bitte möglichst wenig darauf herum. Jede äußerliche Manipulation führt zu einem weiteren verstärkten Milchfluss. Falls Ihre Hündin nicht nur Anzeichen von Scheinträchtigkeit zeigt, sondern auch zur Scheinmutterschaft neigt, also Spielzeug wie Welpen behandelt, es in ihr Körbchen schleppt und bewacht, nehmen Sie sämtliches Spielzeug des Hundes erst einmal weg. Lenken Sie Ihre Hündin zudem durch körperliche Beschäftigung ab. Das Verhalten legt sich in der Regel schnell wieder.

VORBEREITUNG

Hatte Ihr Hund bisher viele Privilegien, wie z. B. im Bett schlafen, sich überall frei zu bewegen und Spielzeug frei zur Verfügung zu haben, dürfen Sie diese nicht erst verändern, wenn das Baby einzieht. Sonst kann es schnell dazu kommen, dass Ihr Hund den Grund für den Abbau seiner Privilegien im Einzug des neuen Familienmitgliedes sieht. Daher sollten einige Regeln bereits vorher, spätestens ab dem Zeitpunkt der Kenntnis der Schwangerschaft, eingeführt werden:

- Der Raum, der als Kinderzimmer vorgesehen ist, wird tabuisiert. Kindergitter zur Abtrennung einführen. Training: „Schicken des Hundes aus dem Zimmer" (siehe S. 66 f.).
- Der Hund bekommt einen festen Liegeplatz zugewiesen. Training: „Hund auf den Platz schicken" (siehe S. 68 f.).
- Der Hund darf nur noch mit Signal auf das Bett oder Sofa. Training: „Sofa/Bett auf Signal verlassen" (siehe S. 70 f.).
- Der Hund hat kein Spielzeug oder Futter zur freien Verfügung.
- Der Hund wird häufiger ignoriert.
- Die künftige Mutter tritt mit fortschreitender Schwangerschaft mehr in den Hintergrund, sie wird in den ersten Wochen kaum Zeit für den Hund haben.

Bereiten Sie sich gut vor, damit das Zusammenleben mit Baby und Hund entspannt beginnt.

Mit einer Babypuppe kann man vorab üben, dass der Hund auch einmal Abstand hält.

DEN HUND IGNORIEREN

Gerade, wenn Sie bisher nur einen Hund halten, muss dieser lernen, dass er demnächst nicht mehr der Mittelpunkt der Familie ist, derjenige, um den sich alle anderen kümmern. Dazu gehört zum einen, dass Sie Ihren Hund auch jetzt schon mehr ignorieren. Am besten schreiben Sie einmal auf, wie oft Sie Ihren Hund ansprechen, anfassen und mit ihm kommunizieren. Beobachten Sie auch einmal, wie oft Ihr Hund ankommt und Sie aufgrund seiner Forderungen reagieren. Dabei muss Ihr Hund gar nicht aufdringlich sein. Ihr Hund möchte gern sein Futter haben und schiebt den Futternapf durch den Flur. Wer kann da schon Nein sagen? Vielleicht spielt Ihr Hund auch gern und bringt Ihnen, während Sie am Computer sitzen und arbeiten, seinen Ball? Eine Pause könnte doch jetzt gerade nicht schaden? Und eine kleine Streicheleinheit, wo Ihr Hund eh schon vor Ihnen sitzt, und Sie so nett mit der Pfote darum bittet … Sie merken schon, unsere Fellnasen wickeln uns ganz schön häufig um den kleinen Finger! Natürlich dürfen Sie auch ab und an einmal darauf reagieren. Doch Sie sollten die Wünsche Ihres Hundes nicht immer, und vor allem nicht immer sofort erfüllen. Er muss lernen, dass er auch einmal gerade nicht an der Reihe ist. Ignorieren Sie ihn daher also ruhig öfter, wenn er wieder einmal etwas von Ihnen möchte. Und überlegen Sie generell, wieviel Aufmerksamkeit Ihr Hund erhält. Reduzieren Sie diese spätestens jetzt in der Schwangerschaft, damit Ihr Hund sich später nicht zurückgesetzt fühlt, wenn das Baby da ist.

Sie können dazu auch mit einer Babypuppe trainieren, die Sie anstelle des Babys versorgen und pflegen. Tragen Sie Ihr „Baby" auf dem Arm mit sich herum, versorgen und streicheln Sie es, behandeln Sie es genauso wie Ihr zukünftiges Baby. Ihr Hund darf natürlich neugierig verfolgen, was Sie da machen, jedoch soll er Sie nicht belästigen oder gar anspringen, wenn Sie gerade mit dem „Kind" beschäftigt sind. Schicken Sie ihn dann energisch von sich weg. Akzeptiert er dies nicht, bringen Sie ihn kommentarlos auf seinen Liegeplatz und legen Sie ihn dort für eine Zeit lang ab, gegebenenfalls gesichert durch eine Leine.

ANDERE HUNDE BEACHTEN

Sie können mit Ihrem Hund beim Spaziergang trainieren, dass er sich still, ruhig und abwartend verhalten muss, wenn Sie sich mit anderen Lebewesen, in dem Fall mit anderen Hunden beschäftigen. Sicherlich treffen Sie auf Ihren Spaziergängen immer wieder auch andere Hundehalter. Setzen Sie Ihren Hund dann ein kleines Stück hinter sich ab und geben Sie ihm das Signal zu warten. Sicherheitshalber nehmen Sie ihn dazu anfangs noch an die Leine. Begrüßen Sie nun den anderen Hundehalter und wenden Sie sich dem anderen Hund zu. Sie können diesen z. B. einmal kurz streicheln. Hat Ihr Hund brav und ruhig gewartet, belohnen Sie ihn natürlich dafür. War die Ablenkung für ihn noch zu groß, sodass er aufgestanden ist, bringen Sie ihn kommentarlos an die Stelle zurück. Lassen Sie ihn erneut dort warten und wenden Sie sich wieder dem anderen Hund zu. Dieses Mal sollten Sie den anderen Hund aber nicht so intensiv streicheln, damit Ihr Hund es auch schafft, sitzen zu bleiben. Schritt für Schritt können Sie jetzt die Zeit, in der Sie sich mit dem anderen Hund beschäftigen, sowie die Intensität steigern.

SCHNELLES ABLIEGEN

Manchmal geht es mit Kindern turbulent zu, sodass schnelles Handeln gefragt ist. Und gerade mit einem Baby ist man oft gehandicapt, denn das Baby kann sich nicht eigenständig fortbewegen, es ist auf die Eltern angewiesen, darauf, dass diese es überall hintragen. Daher hat man als Mutter bzw. Vater in dieser Zeit oft nicht mehr als eine Hand frei, wenn überhaupt. Das Baby wird im Kinderwagen geschoben, im Kindersitz oder aber auf dem Arm getragen, in der anderen Hand befinden sich meist Fläschchen, Spucktuch oder Schnuller. Was tun, wenn in einem ungeschickten Moment etwas herunterfällt, umgestoßen wird, zu Bruch geht, um das man sich nun vorrangig erst einmal kümmern muss, und dann auch noch der Hund zwischendrin herumwuselt? Hat der Hund gelernt, sich möglichst schnell abzulegen und abzuwarten, kann dies eine große Hilfe sein. Wie Sie Ihrem Hund das Signal zum Hinlegen (Platz oder Down) beibringen, können Sie auf Seite 63 nachlesen. Bei dieser Übung geht es nun jedoch darum, dass Ihr Hund lernt, sich so schnell wie möglich hinzulegen. Dazu muss er das Signal „Platz" bzw. „Down" bereits sicher beherrschen. Am einfachsten bringen Sie Ihrem Hund das schnelle Ablegen aus einem Spiel heraus bei. Motivieren Sie Ihren Hund mit einem Spielzeug, das er gern mag, indem Sie dieses vor seiner Nase hin und her bewegen. Ihr Hund soll dabei die Möglichkeit haben, den Bewegungen des Spielzeugs zu folgen. Nach einer kurzen Zeit bewegen Sie das Spielzeug in schnellem Tempo nach unten, Sie können sich dazu auch selbst bücken bzw. hinknien. Gleichzeitig geben Sie Ihrem Hund das Signal zum Ablegen. In dem Augenblick, in dem Ihr Hund sich hinlegt, lösen Sie das Signal auch schon wieder auf und belohnen ihn, indem Sie ihm das Spielzeug z. B. zuwerfen. Wichtig ist hierbei also, dass der Hund bereits in einer schnellen Bewegungsphase ist und auch Sie selbst das Signal schnell aussprechen. Die Belohnung muss ebenfalls sofort kommen, damit der Hund weiß, dass er für das schnelle Abliegen belohnt wird und nicht für die generelle Ausführung des Signals. Hat Ihr Hund verstanden, dass er sich so schnell wie möglich hinlegen soll, können Sie die Zeit, die er daraufhin abliegen soll, wieder verlängern.

Corinna motiviert die Schäferhündin Gaja, der schnellen Bewegung einer Beute zu folgen.

Aus dem Spiel heraus gibt sie Gaja das Signal „Platz", woraufhin sich Gaja sofort hinlegt.

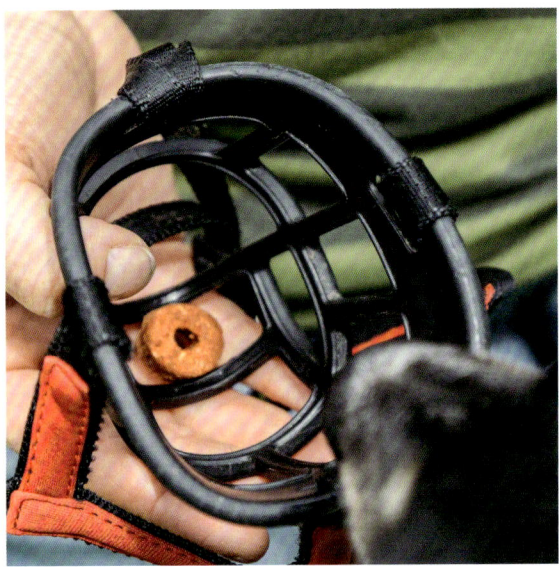

Um den Hund an einen Maulkorb zu gewöhnen, darf er zunächst einmal einfach nur Futter daraus fressen.

Im nächsten Schritt wird der Maulkorb angezogen und mit der Hand locker zugehalten.

MAULKORBGEWÖHNUNG

Natürlich darf ein gegenüber Menschen aggressiver Hund nicht zusammen mit einem Baby oder Kleinkind gehalten werden. Die Gefahr, dass das Kind ernsthaft verletzt werden könnte, ist einfach viel zu groß. Vielleicht haben Sie aber einfach nur einen sehr stürmischen Hund, der nicht gelernt hat, sich im Überschwang auch zurückzunehmen? Oder aber Sie sind sich unsicher, wie Ihr Hund auf das Baby reagieren wird, auch wenn er bisher keinerlei aggressives Verhalten gezeigt hat? Jeder Hund kann lernen, einen Maulkorb zu tragen, und es macht sogar Sinn, einen Hund grundsätzlich daran zu gewöhnen. Es kann immer einmal eine Situation eintreten, in der Sie Ihrem Hund einen Maulkorb anlegen müssen, und sei es nur zur Sicherung beim Tierarzt, weil Ihr Hund verletzt ist und aus Schmerz zubeißen würde. Wieviel angenehmer ist das dann für Ihren Hund, wenn er das Tragen eines Maulkorbs kennt und Sie ihm diesen einfach mal eben so anziehen können. Haben Sie daher kein schlechtes Gewissen, wenn Sie mit Ihrem Hund ein Maulkorb-

training durchführen. Für einen Hund, der an den Maulkorb gewöhnt ist, bedeutet es kaum Stress, wenn er diesen tragen soll. Ist Ihr Hund an den Maulkorb gewöhnt, können Sie ihm diesen z. B. in den ersten Tagen anziehen, wenn er sich im selben Raum wie das Kind befindet. Natürlich ist es keine Dauerlösung, Ihren Hund ein Leben lang tagtäglich im Kontakt mit Ihrem Kind einen Maulkorb tragen zu lassen. Dennoch kann es gerade bei Unsicherheit in Bezug auf die ersten Tage der Zusammenführung den Eltern Sicherheit geben. Und wer sich sicher fühlt, der bleibt entspannt und gibt diese Entspannung dann auch weiter.

Ein Maulkorb muss dem Hund passen, der Hund darf ihn sich nicht abstreifen oder durch eine zu große Öffnung doch noch beißen können. Zur Gewöhnung beginnen Sie damit, den Hund ein Futterstück aus dem Maulkorb herausnehmen zu lassen. Damit der Hund länger mit der Nase im Maulkorb bleibt, können Sie entweder ein längeres Futterstück verwenden, das Sie immer wieder nach oben schieben, wenn der Hund ein Stück abge-

Ein Hund, der gut an den Maulkorb gewöhnt ist, trägt diesen so wie ein Mensch eine Brille trägt. Der Maulkorb stört ihn nicht, im Idealfall wird er gar nicht mehr wahrgenommen.

knabbert hat. Alternativ können Sie auch eine Futtertube verwenden, die Sie von unten durch eine Öffnung im Maulkorb halten. Der Hund darf nun eine ganze Zeit lang schlecken. Wichtig ist, dass Sie selbst das Training beenden. Fügen Sie daher ein Signalwort wie „Okay", „Ende" oder „Kopf hoch" hinzu und nehmen Sie die Futtertube weg. Ihr Hund wird nun die Schnauze aus dem Maulkorb nehmen und so das Signalwort mit dieser Handlung verknüpfen. Damit bereiten Sie vor, dass Ihr Hund lernt, die Schnauze so lange ruhig im Maulkorb zu halten, bis Sie diesen wieder abnehmen. Im nächsten Schritt führen Sie die Riemen des Maulkorbs nach oben um den Kopf des Hundes herum. Diese werden in einer weiteren Übungseinheit nun kurz geschlossen. Gibt es damit keine Probleme, können Sie eine kleine Trainingseinheit mit Ihrem Hund mit Maulkorb durchführen. Ihr Hund wird sich so auf das Training konzentrieren, dass er den Maulkorb vergisst. Zudem können Sie ihn immer wieder belohnen und so das Tragen des Maulkorbs durch das Training und die Belohnung positiv aufbauen. Im letzten Schritt muss Ihr Hund noch lernen, den Maulkorb auch dann zu tragen, wenn keine besonderen Aktivitäten erfolgen. Anstelle eines Trainings können Sie z. B. spazieren gehen. So kann Ihr Hund noch aktiv sein, schnüffeln und laufen, es findet jedoch kein besonderes Trainingsangebot mehr statt. Lassen Sie Ihren Hund den Maulkorb auch in der Wohnung tragen. Dabei dürfen Sie ihn jedoch nicht allein lassen, denn er könnte mit dem Maulkorb hängen bleiben und sich so verletzen oder erschrecken.

Weiterhin sollte der Hund bereits jetzt an alle Gegenstände, die mit dem Kind zusammenhängen, gewöhnt werden. Daher sollte man frühzeitig alles Notwendige, wie eine Babywippe oder einen Kinderwagen, besorgen. So kann man auch den Umgang mit Babywippe und Hund im Haus oder beim Einsteigen ins Auto sowie die Spaziergänge und die Leinenführigkeit mit dem Kinderwagen bereits trainieren. Geht es schief, und der Hund zieht, sodass der Kinderwagen umkippt, ist kein Baby in Gefahr.

Beim Spaziergang mit Hund und Kinderwagen ist es besonders wichtig, dass Ihr Hund gelernt hat, an lockerer Leine zu laufen und nicht in die Leine zu springen.

LEINENFÜHRIGKEIT MIT KINDERWAGEN

Damit Sie Ihren Hund an der Leine führen können, obwohl Sie zeitgleich Ihr Kind im Kinderwagen schieben, muss Ihr Hund natürlich vorab gelernt haben, auch ohne Ablenkung bzw. ohne Kinderwagen an der lockeren Leine zu laufen (siehe S. 127). Beginnen Sie das Training erst einmal nur mit Kinderwagen und Hund, also bitte ohne Kind darin. So können Sie das Training viel entspannter durchführen. Ihr Hund muss nun lernen, dass er den Kinderwagen niemals überholen darf. Hat Ihr Hund bereits gelernt, sich an Ihnen zu orientieren, wird das Training mit dem Kinderwagen kaum ein Problem sein. Üben Sie das Laufen langer Strecken geradeaus genauso wie das Abbiegen zu beiden Seiten sowie auch das Umdrehen, also eine 180-Grad-Drehung. Beim Abbiegen auf den Hund zu nutzen Sie den Kinderwagen als Eingrenzung des Hundes, dieser muss dem Kinderwagen ausweichen und sich an Ihrem Bein orientieren. Beim Abbiegen vom Hund weg müssen Sie aufpassen, dass Ihr Hund sich nicht zu sehr am Kinderwagen orientiert und damit zu weit nach vorne kommt. Denn auch mit Kinderwagen sollte Ihr Hund idealerweise auf der Höhe Ihres Beins laufen und nicht neben dem Kinderwagen.

Bitte befestigen Sie niemals die Leine am Kinderwagen. Ein Augenblick der Unachtsamkeit, Ihr Hund erschreckt sich oder sieht vielleicht einen Kontrahenten, stürzt los und reißt den Kinderwagen samt Kind mit sich. So schnell können Sie gar nicht reagieren!

UMGANG MIT DER BABYWIPPE

Heutzutage werden Babys unterwegs in der Regel in praktischen Trageschalen, sogenannten Babywippen, transportiert. Das Baby ist darin durch Gurte gesichert, sodass es nicht herausfallen kann. Ihr Hund muss lernen, sich nicht einfach so dem in der Babywippe liegenden Baby zu nähern. Zum Beispiel sollte Ihr Hund Sie auf keinen Fall anspringen, wenn Sie mit Ihrem in der Babywippe liegenden Baby nach Hause kommen und der Hund Sie und das Baby begrüßen will. Auch stellt eine Mutter meist das Baby in der Babywippe erst einmal ab, um die Tür zu schließen, die Jacke auszuziehen oder die weiteren Einkäufe abzustellen. Da eine Babywippe mit Baby darin niemals erhöht unbeaufsichtigt abgestellt werden darf, wird diese in der Regel einfach auf den Boden, also in Hundenasenhöhe, abgestellt. Hat Ihr Hund gelernt, sich schnell abzulegen (siehe S. 101) oder aber auch aus weiter Entfernung seine Decke aufzusuchen und dort liegen zu bleiben (siehe S. 68 f.), können Sie diese Signale natürlich für eine solche Situation nutzen. Bringen Sie Ihrem Hund aber auch bei, dass er sich dem in der Babywippe liegenden Baby nicht nähern darf. Beginnen Sie auch dieses Training, bevor Ihr Baby da ist. Legen Sie einfach die Babypuppe in die Babywippe und schicken Sie Ihren Hund immer dann, wenn dieser sich mit der Nase der Babywippe nähern möchte, um interessiert zu schnüffeln, mit einem deutlichen Handzeichen weg.

ENTWURMUNG UND ZECKENMITTEL

Wenn der Hund nun mit dem Baby zusammentrifft, sollte man ihn am Tag vorher entwurmen. Da man Hunde nicht vorsorglich entwurmen kann, macht eine frühere Entwurmung keinen Sinn. Natürlich kann es passieren, dass Ihr Hund gerade frisch entwurmt, erneut Wurmeier aufnimmt, wenn er z.B. den Kot anderer Hunde frisst. Eine Ansteckung des Babys kann allerdings nicht sofort danach erfolgen. Nach der Aufnahme der Wurmeier beginnt die sogenannte Präpatenzzeit, also die Zeitspanne, die vergeht, bis der Hund beginnt, selbst infektiöse Wurmstadien auszuscheiden, die wiederum uns Menschen gefährlich werden könnten. Während der Präpatenzzeit besteht somit keine Gefahr der Ansteckung durch einen infizierten Hund. Diese Präpatenzzeit umfasst je nach Wurmart 2 bis 3 Monate. Daher sollten Sie Ihren Hund spätestens alle 2 bis 3 Monate erneut entwurmen, vor allem dann, wenn Kinder im Haus leben.

Gerade im Frühjahr bzw. Sommer werden viele Hunde vor Zecken geschützt, indem ein Spot-On-Präparat aufgebracht wird. Diese Präparate wirken über Nervengifte, mit denen das Baby nicht in Berührung kommen sollte. Daher sollte das Präparat mindestens einige Tage, besser noch ein oder zwei Wochen vor dem Einzug des Babys auf das Fell des Hundes aufgetragen werden. Achten Sie auch künftig darauf, dass Ihr Baby oder später auch Ihr Kind mit Ihrem Hund keinen direkten Kontakt in den ersten Tagen hat, wenn Sie ein Mittel gegen Zecken auf die Haut aufgetragen haben. Falls Ihr Hund nicht übermäßig viel von Zecken befallen wird, helfen gegebenenfalls auch alternative Mittel wie Kokosöl.

Ihr Hund muss lernen, Abstand zum in der Babywippe liegenden Baby (hier Puppe zum Üben) zu halten.

GUT GEMEINTE RATSCHLÄGE ...

Immer wieder liest man, dass der Vater nach der Geburt des Babys eine vom Baby getragene und benutzte Windel aus dem Krankenhaus mit nach Hause bringen soll. Der Hund soll die Windel abschnüffeln und sich so direkt mit dem Geruch des neuen Familienmitgliedes vertraut machen. Ist dieser Tipp wirklich sinnvoll?

Hunde sind Nasenexperten! Wenn wir nach einem langen Tag nach Hause kommen, riechen Sie bei der Begrüßung bereits, wo wir waren und mit wem wir den Tag verbracht haben, denn wir tragen die Geruchsmoleküle an uns. Da der Vater das Baby ja vermutlich auch auf dem Arm getragen, liebkost und vielleicht auch versorgt hat, trägt er die Geruchsmoleküle an sich. Sie werden also vielleicht feststellen, dass Ihr Hund Sie ganz interessiert und intensiv abschnüffelt, wenn Sie aus dem Krankenhaus vom Besuch Ihrer Frau und Ihres Babys nach Hause kommen. Dies dürfen Sie dann ruhig auch einen kurzen Moment zulassen. Damit Ihr Hund den Geruch des Babys kennenlernt, ist es also gar nicht notwendig, eine Windel mitzubringen. Zudem muss man sich fragen, was eine solche Handlung für den Hund bedeutet. Was soll er mit der Windel tun? Instinktiv wird er diese vielleicht direkt ablecken, den Urin oder gegebenenfalls Stuhlgang des Babys auflecken. Denn genau das macht eine Hundemutter mit dem Kot und Urin der Welpen in den ersten Wochen, sie leckt ihn auf und hält damit sowohl die Welpen als auch die Wurfhöhle sauber. Da Hundewelpen in der ersten Zeit noch gar nicht alleine urinieren oder koten können, muss Mama den Bauch der Welpen sogar intensiv lecken, damit die Darmtätigkeit der Welpen stimuliert wird. Im Grunde genommen übertragen Sie also aus Hundesicht mit dem Überreichen der Windel Ihrem Hund die Aufgabe der Versorgung Ihres Babys, was aber in keinem Fall sinnvoll ist. Ihr Hund soll ja vielmehr akzeptieren, dass es sich um Ihr Baby handelt und Sie selbst für die Versorgung, Pflege und Erziehung zuständig sind. Er ist dafür nicht zuständig, das Baby soll für ihn einfach keine große Rolle spielen.

DAS BABY ZIEHT EIN

Kommen Mutter und Baby nach Hause, wird die Freude über die Rückkehr der Mutter beim Hund vermutlich groß sein. Und auch die Mutter hat den Hund ja wahrscheinlich vermisst und möchte ihn erst einmal in Ruhe begrüßen. Daher übernimmt der Vater nun das Baby, sodass die Mutter und der Hund erst einmal Zeit füreinander haben, sich in Ruhe begrüßen können und vielleicht sogar eine kurze Schmuse- oder Tobeeinheit einlegen können.

Ihr Hund wird danach vermutlich neugierig schauen, wer da noch so mitgekommen ist. Natürlich darf er sich das Baby anschauen, darf beobachten, was Sie mit ihm machen. Sie sollten ihn jedoch in den ersten beiden Wochen noch nicht an das Baby heranlassen und es ihn z. B. abschlecken lassen. Zum einen sind Babys in den ersten Tagen noch sehr empfindlich, ihre Abwehrkräfte sind noch gering. Zum anderen soll Ihr Hund von Anfang an lernen, dass das Baby Ihr eigener Nachwuchs ist, für den Sie allein zuständig sind. Sie leben zwar ab sofort miteinander, jedoch hat Ihr Hund in Bezug auf Ihr Kind keinerlei Aufgaben und Verpflichtungen. Wird Ihr Hund aufdringlich und versucht an das Baby zu kommen, schicken Sie ihn eindringlich weg. Kommt er erneut an, bringen Sie ihn auf seinen Platz und lassen Sie ihn dort für einige Zeit abliegen, notfalls gesichert durch eine Leine. Wichtig ist, dass Sie dabei ruhig bleiben, denn Sie wollen Ihren Hund nicht etwa für die Annäherung an das Baby bestrafen, Sie möchten ihm nur verdeutlichen, dass es sich um Ihr Baby handelt. Hunde verstehen eine solche Haltung sehr schnell, ist sie doch unter Hunden ganz natürlich. Die wild lebende Hündin bringt die Welpen draußen in der Regel in einer Höhle zur Welt. In den ersten 2 bis 3 Wochen lässt sie niemand anderen an die Welpen heran, weder die weiteren Mitglieder des Rudels wie Tanten etc. noch den Vater selbst. Erst wenn die Welpen aus der kritischen Phase heraus sind, dürfen auch die anderen Rudelmitglieder Kontakt zu den Welpen aufnehmen. Hat Ihr Hund bereits gelernt, sich auf Ihr

In den ersten zwei Wochen lässt eine Hündin auch die im Haus lebenden Hunde oft nicht an die Welpen. Daher akzeptiert ein Hund es in der Regel, wenn Sie ihn anfangs nicht an das Baby lassen.

Signal hin sofort abzulegen oder auch auf weitere Distanz sich auf seiner Decke abzulegen, können Sie dieses Signal natürlich immer dann nutzen, wenn Sie Ihren Hund gerade nicht in der Nähe haben möchten, da Sie z. B. das Baby versorgen, es wickeln oder stillen, und sich gerade nicht aktiv um Ihren Hund kümmern können.

DIE ERSTEN TAGE OHNE HUND

Gerade wenn Sie unsicher sind, wie Ihr Hund auf das Baby reagieren wird, oder aber bei einer schweren Geburt, wenn die Mutter selbst noch von ihrem Mann gepflegt und versorgt werden muss, können Sie Ihren Hund für die ersten 2 bis 3 Wochen auch bei einem Bekannten unterbringen. Allerdings sollten Sie diese Möglichkeit bereits vor der Geburt vorbereiten, indem Ihr Hund auch während der Schwangerschaft immer wieder einmal für ein paar Tage bei Ihrem Bekannten übernachtet. Ihrem Hund muss sowohl die Person als auch die Umgebung vertraut sein, wenn Sie ihn dann kurz vor der Geburt für einige Zeit in „Pension" geben. So können Sie erst einmal durchatmen und die ersten Tage mit Ihrem Baby genießen, ohne sich noch um weitere Verpflichtungen kümmern zu müssen.

FREIWILLIGER KONTAKT

Haben Sie die Privilegien Ihres Hundes schon vorher reduziert, Regeln vorab aufgestellt und das Zubehör des Babys bereits eingeführt, sowie den Hund nun auch weiterhin ausreichend beschäftigt, wird sich die Aufregung und Neugier über das neue Familienmitglied schnell legen. Der neue Alltag mit Baby spielt sich ein, jeder gewöhnt sich an die etwas anderen Abläufe.

Wenn Sie merken, dass Ihr Hund zunehmend in der Anwesenheit Ihres Babys entspannt und von sich aus gar kein dringendes Bedürfnis mehr hat, unbedingt mit dem Baby Kontakt aufnehmen zu wollen, dürfen Sie in Bezug auf direkten Kontakt auch etwas offener werden. Ihr Hund darf sich nun dem Baby auch einmal nähern, es abschnüffeln oder einmal kurz die Hand ablecken.

Niemals aber sollten Sie Ihren Hund dazu zwingen, direkten Kontakt mit dem Baby aufzunehmen oder Ihren Hund überhaupt dazu auffordern, sich ihm zu nähern. Je uninteressanter das Baby für Ihren Hund ist, je weniger es überhaupt eine Rolle für ihn spielt, desto besser für Sie, denn umso entspannter wird sich das künftige Familienleben gestalten.

Grundsätzlich sollte man klären, wer für den Hund die Hauptbezugsperson ist. Gerade in der ersten Zeit mit Baby wird die Mutter hierfür weder Zeit noch Nerven haben.

BEDÜRFNISSE DES HUNDES ERFÜLLEN

Denken Sie auch daran, die Bedürfnisse Ihres Hundes ausreichend zu erfüllen. Ihr Hund muss nach wie vor seinen Auslauf sowie Beschäftigung erhalten. Da die Mutter in den ersten Wochen vorwiegend mit der Versorgung des Babys beschäftigt sein wird, sollte der Vater in dieser Zeit das Training mit dem Hund übernehmen.

Achten Sie von Anfang an darauf, dass die Zeiten der Beschäftigung des Hundes nicht mit den Zeiten der Versorgung des Babys übereinstimmen. Sonst könnte das Wachwerden des Babys irgendwann zur Ankündigung der Beschäftigung werden. Im schlimmsten Fall meldet der Hund dann jedes Aufwachen des Babys und fordert selbst Aufmerksamkeit ein. Das kann schnell nervenaufreibend werden, wenn gerade einmal keiner für ihn Zeit hat. Wird dagegen immer nur dann mit dem Hund gespielt, wenn das Baby schläft, kann sich beim Hund Frust entwickeln. Er merkt, dass er abgemeldet ist, sobald sich das Baby meldet. Variieren Sie also von Anfang an die Zeiten, in denen Sie sich mit Ihrem Hund beschäftigen.

WICHTIG

Keine Verantwortung seitens des Hundes

Nicht immer reagiert ein Hund entspannt auf die veränderte Situation. Zwar ist es selten der Fall, dass ein Hund Aggressionen gegenüber dem neuen Familienmitglied entwickelt. Häufig jedoch fühlt sich der Hund für die Bewachung und damit letztendlich auch für die Versorgung des Babys zuständig.

Beobachten Sie daher Ihren Hund genau. Sobald er anfängt, Ihr Kind zu bewachen, indem er z. B. vor der Babywippe oder vor dem Schlafzimmer liegt, müssen Sie ihn sofort wegschicken bzw. auf seinem Liegeplatz ablegen. Dem Hund muss klar gemacht werden, dass dies nicht seine Aufgabe ist, sonst wird er unter Umständen später einmal niemanden mehr an den Kinderwagen bzw. keine fremden Personen auf das Grundstück lassen, wenn das Kind im Garten spielt.

Probleme zwischen Kind und Hund

Wenn es Probleme zwischen Kind und Hund gibt, ist die Sicherheit des Kindes immer oberstes Gebot. Das Kind sollte genauestens befragt werden, wie es sich fühlt. Auch wenn der Hund das Kind nicht verletzt hat, muss über eine Abgabe nachgedacht werden, wenn das Kind unter ständigem psychischen Stress lebt. Und natürlich ist es genauso wichtig, dass sich Ihr Hund bei Ihnen wohl fühlt. Ein Hund, der sich, sobald das Kind das Haus betritt, in einer Ecke des Raumes, am liebsten noch unter dem Schrank versteckt, hat mit Sicherheit kein entspanntes Leben. Sollte sich auch durch ein gezieltes Training mit einem Hundetrainer die Angst des Hundes vor dem Kind nicht deutlich reduzieren, sodass der Hund entspannt zusammen mit dem Kind im Haus leben kann, muss auch in diesem Fall über eine Abgabe des Hundes nachgedacht werden. Einige Hunde sind einfach so sensibel, dass sie den turbulenten Alltag einer Familie mit aktiven Kindern nicht aushalten können. Vielleicht hat Ihr Hund bisher auch einfach nur keine Kinder kennengelernt? Dennoch ist die Wahrscheinlichkeit, dass er sich dann noch an Ihre Familie und Ihre Kinder gewöhnt, eher gering. Suchen Sie in dem Fall einen neuen Platz für ihn, vielleicht bei einem älteren Menschen oder aber einer Familie mit älteren, eventuell sogar bereits erwachsenen Kindern. Sowohl die Bedürfnisse des Kindes als auch die des Hundes sollten also immer berücksichtigt werden. Kein Mitglied der Familie darf in seinem Leben so eingeschränkt werden, dass es sich dauerhaft unwohl fühlt!

KLARE REGELN FÜR ALLE

Kleinere Probleme können in der Regel gelöst werden, indem je nach Problematik Kind bzw. Hund Grenzen gesetzt werden. Oft handelt der Hund aus der Intention heraus, das Kind erziehen zu müssen oder aber weil er bisher einfach nicht gelernt hat, welche Regeln im Umgang mit dem Kind eigentlich von ihm erwartet werden. Lesen Sie in dem Fall die vorangegangenen Kapitel noch einmal genau und überprüfen Sie, ob es vielleicht Situationen gibt, in denen Sie Ihrem Hund deutlicher beibringen müssen, was Sie von ihm erwarten. Aber auch Ihrem Kind müssen Sie ganz klar sagen, wie es sich dem Hund gegenüber verhalten soll. Hier sind die Eltern als Erzieher gefragt! Letztlich funktioniert das Zusammenleben der Familie mit Hund nur dann, wenn alle sich der Spielregeln bewusst sind und diese auch von allen Familienmitgliedern eingehalten werden.

RAT VON EINER HUNDESCHULE

Wenn Sie sich nicht sicher sind, woran es liegt, dass es immer wieder zu kleineren Problemen kommt, scheuen Sie sich nicht davor, eine gute Hundeschule aufzusuchen und einen professionellen Hundetrainer um Hilfe zu bitten. Der Hundetrainer wird sich zunächst einmal mit Ihnen treffen, um zum einen den Hund kennenzulernen, zum anderen aber auch Ihre Schilderung der Problematik anzuhören. Je nach Problem macht es dabei Sinn, dass Ihre Kinder bei diesem Termin noch nicht dabei sind, da Sie so offener über die Probleme sprechen können. In einem weiteren Termin wird der Hundetrainer Sie dann zu Hause besuchen und den Hund in Haus und Garten und im Umgang mit Ihnen bzw. der ganzen Familie beobachten. Er wird Sie bzw. auch Ihre Kinder bitten, den Hund einmal zu füttern, zu bürsten oder im Garten mit ihm zu spielen. Schnell wird dann deutlich werden, worin die Ursache für Ihr Problem mit dem Hund liegt, sodass ein Trainingsplan aufgestellt werden kann.

SPEZIELLE KIND-HUND-KURSE

Viele Hundeschulen bieten für Kinder auch spezielle Kind-und-Hund-Kurse an, in denen die Kinder zum einen mit dem Hund kleinere Übungen durchführen dürfen, zum anderen aber auch viel über den Hund, seine Bedürfnisse und vor allem über seine Körpersprache lernen. Nutzen Sie diese Angebote, denn Kinder nehmen solche Erklärungen bzw. die Aufforderung zur Änderung ihres Verhaltens gegenüber dem Hund häufig schneller von fremden Menschen an als von den Eltern. Und das insbesondere dann, wenn noch andere Kinder dabei sind, die eventuell sogar vorbildliches Verhalten gegenüber dem Hund vormachen.

WENN KINDER ANGST HABEN

Schwierig wird ein Training immer dann, wenn Kinder Angst vor Hunden haben. Nun ist Angst erst einmal ein natürlicher Schutzmechanismus, der überlebensnotwendig ist und den alle Lebewesen besitzen, auch der Hund. Angst wird jedoch dann hinderlich, wenn sie übertrieben ist. Doch wie entsteht eigentlich die Angst vor Hunden bei Kindern? Es muss nicht immer ein Angriff eines Hundes auf das Kind erfolgt sein, bei dem dieses schwer verletzt wurde. Für eine Traumatisierung reicht es bereits aus, wenn ein Hund schnell auf ein Kind zugestürzt ist oder das Kind auf einmal lautstark angebellt wurde. Der Schreck darüber wird vom Kind individuell bewertet und kann dazu führen, dass es sich generell vor Hunden fürchtet. Angst ist nicht rational, sondern immer ein individuelles Gefühl. Angst

vor Hunden kann aber gerade auch bei Kindern durch Beobachtung entstehen! Haben z. B. Mutter oder Vater Angst vor Hunden und zeigen dies auch deutlich, indem sie laut aufschreien, wenn ein Hund sie anschnüffelt oder indem sie panisch die Straßenseite wechseln, wenn ein Hund entgegen kommt, kann das Kind dieses Verhalten abspeichern und so ebenfalls eine Angst vor Hunden entwickeln. Manchmal wird eine Angst aber auch unbewusst gefördert, wenn die Eltern Bemerkungen machen, die das Kind anders auffasst, als sie eigentlich gemeint waren. „Pass auf, da kommt ein Hund. Geh mal zur Seite, wir wissen ja nicht, wie der Hund reagiert!" Hiermit wollte die Mutter dem Kind eigentlich nur deutlich machen, dass es nicht einfach so auf fremde Hunde zustürmen darf, sondern erst einmal Abstand halten soll. Indirekt warnt sie jedoch damit auch vor fremden Hunden, sodass das Kind dies als Gefahrenhinweis auffassen kann. Achten Sie daher immer genau darauf, wie Sie sich gegenüber Ihrem Kind verhalten und welche Worte Sie wählen.

UNTERSTÜTZUNG DES KINDES

Wenn Ihr Kind Angst vor Hunden hat, bitten Sie entgegenkommende Menschen mit Hund darum, den Hund anzuleinen. Nehmen Sie gleichzeitig Ihr Kind auf den Arm und bieten Sie ihm somit Sicherheit. So kann es sich erst einmal den Hund von oben anschauen. Falls es sich entspannt und Sie feststellen, dass der Hund ebenfalls freundlich und entspannt ist, können Sie sich auch hinhocken. Ihr Kind behalten Sie dabei einfach weiterhin auf dem Arm. Der Hund darf nun keinesfalls aufdringlich sein und Ihr Kind bedrängen. Merken Sie, dass es für Ihr Kind zu viel wird, stehen Sie einfach wieder auf. Bleibt Ihr Kind aber entspannt, darf der Hund auch einmal kurz am Kind schnüffeln. Vielleicht möchte Ihr Kind den Hund nun auch einmal streicheln? Am ehesten trauen sich Kinder dies, wenn der Hund nicht mit dem Gesicht und den gefährlich aussehenden Zähnen zu ihnen gewandt ist. Bitten Sie den Halter des Hundes daher darum, den Hund selbst auch zu streicheln und somit den

Kopf des Hundes bei sich zu behalten. Der Hund wird Ihnen und Ihrem Kind nun die Seite oder das Hinterteil zudrehen und Ihr Kind wird sich vielleicht überwinden und den Hund streicheln. Doch bitte zwingen Sie Ihr Kind niemals dazu! Wenn es noch nicht so weit ist, müssen Sie ihm Zeit geben.

Mit älteren Kindern können Sie zudem besprechen, wie diese sich im Notfall, also wenn ein Hund sie bedrängt oder hinter ihnen herläuft, verhalten sollen. Ihr Kind soll möglichst ruhig bleiben, stehen bleiben, Gegenstände, die es in der Hand hat, fallen lassen und die Arme nicht hochreißen. Erklären Sie Ihrem Kind zudem die Körpersprache von Hunden, sodass es selbst erkennen kann, ob ein Hund gerade freundlich gestimmt ist oder nicht. Vielleicht haben Sie ja auch im Bekanntenkreis einen ruhigen Hund, den Ihr Kind einmal kennenlernen kann? Im Idealfall sollte sich dieser Hund aber nach Möglichkeit gar nicht für das Kind interessieren, sodass dieses selbst entscheiden kann, wann und wie weit es sich dem Hund nähert.

ABGABE DES HUNDES

Leider kommt es immer wieder vor, dass es zu Problemen zwischen Kind und Hund kommt, obwohl alle Beteiligten alles versucht haben, sich alle an die aufgestellten Regeln gehalten haben und niemand also wirklich „Schuld" ist. Besteht jedoch permanente Gefahr für das Kind, muss man sich von dem Hund trennen. Diese Entscheidung ist zwar schwer, jedoch ist niemandem geholfen, wenn man wartet, bis es zu einer ernsthaften Verletzung des Kindes durch den Hund gekommen ist. Auch wenn Ihr Kind nun vielleicht sehr traurig ist, müssen Sie die Entscheidung im Sinne Ihres Kindes treffen. Wichtig ist jedoch immer, dass es nicht zu Schuldzuweisungen kommt, denn damit ist niemandem geholfen. Achten Sie aber bei der eventuellen Neuanschaffung eines Hundes darauf, dass es nicht erneut zu einem Problem zwischen Kind und Hund und damit zur Abgabe des Hundes kommt. Das ist weder

Ihrem Kind noch gegenüber dem neuen Hund fair. Suchen Sie daher möglichst noch vor der Abgabe Ihres Hundes einen professionellen Hundetrainer auf. Dieser wird alles Mögliche tun, um durch ein Training zu bewirken, dass der Hund doch nicht abgegeben werden muss. Doch auch ein Hundetrainer kann nicht zaubern und es gibt Grenzen, die auch mit professioneller Hilfe nicht überschritten werden können. Zumindest weiß Ihr Hundetrainer nun aber, woran es gelegen hat und worauf Sie bei der Auswahl Ihres neuen Hundes achten müssen. Er kann Sie von der Auswahl des Hundes in Bezug auf Rasse, Charakter und Wesen über die Einführung des Hundes in die Familie bis hin zum fortführenden Training begleiten, damit die ganze Familie sich mit dem Hund wohlfühlt, und dieser sein Leben bis zum Lebensende bei Ihnen verbringen kann.

Lassen Sie sich bei der Auswahl eines Hundes für die Familie von einem Hundetrainer beraten.

Gemeinsame Aktivitäten

Es gibt viele Möglichkeiten, Kinder in die Versorgung und Beschäftigung des Hundes mit einzubeziehen. Je nach Alter im Beisein der Eltern oder selbstständig.

Ein Hund hat auf Kinder eine besondere Anziehungskraft und so ist es ganz natürlich, dass sie sich um den vierbeinigen Freund kümmern möchten und möglichst viel Anteil an seinem Leben haben wollen. Doch an dieser Stelle sind erst einmal die Eltern gefragt, die einschätzen müssen, welche Aufgaben die Kinder übernehmen bzw. wo diese bei der Versorgung des Hundes mithelfen können. Dabei müssen sowohl die individuellen Besonderheiten des Hundes berücksichtigt werden, es muss aber auch beachtet werden, inwieweit ein Kind jeweils in der Lage ist, Aufgaben und damit Verantwortung zu übernehmen, also welche individuellen Besonderheiten in Bezug auf das Kind jeweils mit in die Entscheidung einbezogen werden müssen. Kinder sollten bei der Planung der Aufgabenverteilung jedoch nicht außen vorgelassen werden. So kann gemeinsam mit der gesamten Familie ein Plan erstellt werden, in dem jedem einzelnen Familienmitglied seine Aufgaben zugeteilt werden. Jeder kann dabei seine Wünsche äußern, auch wenn, so wie in anderen Lebensbereichen auch, nicht immer alle Wünsche erfüllt werden können. Dennoch, auch die Kinder der Familie werden bei der Planung berücksichtigt, so dass sie nicht so

sehr enttäuscht sein werden, wenn bestimmte Aufgaben z. B. nur den Eltern vorbehalten bleiben. Jeder hat bei der Versorgung des Hundes, so wie im ganz normalen Familienalltag auch, seine speziellen Aufgaben, die sich an den jeweiligen Stärken und Möglichkeiten des Einzelnen orientieren.

Martin Rütter erklärt dem dreijährigen Noah, an welchen Stellen ein Hund gern gestreichelt wird.

Versorgung und Pflege des Hundes

Im Alltag gibt es viele kleine Aufgaben rund um den Hund, angefangen vom Bürsten, über das Krallenschneiden oder Zeckenziehen. Welche Aufgaben können nun aber Kinder übernehmen und welche sollten lieber den Eltern vorbehalten bleiben?

Grundsätzlich gilt: Der Hund muss bei allen Aufgaben, die ein Kind übernehmen soll, vollkommen entspannt sein.

AUFGABEN, DIE ELTERN ÜBER-NEHMEN MÜSSEN

BÜRSTEN ÄNGSTLICHER HUNDE

Ein Hund, der Angst vor der Bürste hat oder das Bürsten als unangenehm empfindet und dabei eventuell sogar zu aggressivem Verhalten neigt, darf natürlich niemals von Kindern gebürstet werden. Denn Kinder können nicht einschätzen, wie weit sie gehen dürfen. Ein Hund, der Angst hat, muss in kleinen Schritten an eine Handlung gewöhnt werden. Er darf beim Training die Handlung zwar als unangenehm empfinden, darf aber noch keine wirkliche Angst zeigen. Für das Training bei aggressivem Verhalten gilt dies entsprechend. In kleinen Schritten wird z. B. der Hund, der es nicht kennt oder es als unangenehm empfindet, gebürstet zu werden, an die Bürste gewöhnt. Diese wird erst einmal nur in der Hand und dann einmal kurz mit der weichen bzw. glatten Seite an das Fell des Hundes gehalten. Im nächsten Schritt streicht man dann kurz mit der weichen Seite der Bürste

über sein Fell. Zeigt der Hund keine Angst bzw. kein aggressives Verhalten, wird er dafür belohnt. Schritt für Schritt wird er immer länger und später dann auch mit den harten Metallborsten gebürstet, bis er die Prozedur vollkommen entspannt und gelassen von Anfang bis Ende erträgt und bestenfalls sogar genießt. Kinder könnten bei diesem Training nicht wirklich abschätzen, wie weit sie jeweils gehen können. Sie würden den Hund somit schnell überfordern, ihm zu viel zumuten und gegebenenfalls eine aggressive Reaktion des Hundes herausfordern. Zudem haben gerade kleine Kinder auch noch gar nicht die motorischen Fähigkeiten dazu, so gezielt zu agieren.

Der Hund wird zuerst in kleinen Schritten und über positive Verstärkung an das Bürsten gewöhnt.

KRALLEN SCHNEIDEN

Genauso dürfen Aufgaben, bei denen der Hund fixiert werden muss, ausschließlich von den Eltern übernommen werden. So muss der Mensch z. B. beim Krallenschneiden die Pfote des Hundes festhalten, um die Kralle kürzen zu können. Der Hund muss dabei ganz still halten. Zappelt er im Augenblick des Schneidens, kann es schnell passieren, dass zu viel Horn von der Kralle abgeschnitten wird. In den Krallen des Hundes verlaufen jedoch auch Adern. Eine zu weit gekürzte Kralle beginnt daher sofort stark zu bluten, zudem erleidet der Hund nun natürlich Schmerzen. Somit wird er sich künftig nicht mehr gern die Krallen schneiden lassen. Selbst Erwachsene müssen sich bei dieser Aufgabe stark konzentrieren und den Hund gegebenenfalls gut festhalten, oder eine zweite Person hinzuziehen, die den Hund beim Krallenschneiden festhält. Bei einem Kind kann daher viel schneller ein Missgeschick passieren, bei dem der Hund verletzt wird. Die Folge kann dann sein, dass der Hund das Kind korrigiert und z. B. nach ihm schnappt. Zudem kann der Hund bereits das Festhalten durch das Kind als Einschränkung empfinden und es entsprechend erzieherisch dafür korrigieren.

AUGEN- UND OHRENPFLEGE

Aus dem gleichen Grund dürfen Kinder dem Hund weder Augen- noch Ohrentropfen verabreichen. Auch hier muss der Hund ja zumindest am Kopf festgehalten werden, damit die Tropfen ins Auge bzw. ins Ohr gelangen. Gerade kleinere Kinder sind motorisch auch noch nicht in der Lage, solche Handlungen durchzuführen, ohne den Hund dabei zu verletzen. Gleiches gilt für das Entfernen von Zecken. Diese müssen mit einer kleinen Zange oder einem Zeckenhaken vorsichtig entfernt werden, möglichst ohne den Körper der Zecke zu quetschen bzw. die Zecke abzureißen. Schnell ist dies nämlich passiert und der Kopf der Zecke steckt noch weiter in der Haut des Hundes. Das ist zwar erst einmal kein Drama, dennoch muss diese Stelle genau beobachtet werden. Der Zeckenkopf wird in aller Regel von selbst herauskommen, dennoch kann sich die Stelle auch entzünden und eitern und muss dann vom Tierarzt behandelt werden.

TRIMMEN

Einige Hunde, wie z. B. Pudel oder Terrier, müssen regelmäßig geschoren bzw. getrimmt werden. Abgesehen davon, dass selbst Erwachsene mit einer

Anfangs benutzt man eine ganz weiche Bürste. Hält der Hund still, bekommt er eine Belohnung.

Später benutzt man eine Bürste, mit der das Fell entwirrt wird. Der Hund wird nach dem Bürsten belohnt.

Martin Rütter zeigt der einjährigen Amelie, wie sie einen Hund am besten streichelt. Vorsichtig führt er dabei die Hand des kleinen Mädchens.

solchen Aufgabe häufig überfordert sind und der Hund dann eher wie ein gerupftes Huhn aussieht, sollten Kinder auch keine Aufgaben übernehmen, bei denen sie mit scharfen Gegenständen, wie z.B. einer Schere oder Schermaschine, am Hund hantieren müssen. Die Verletzungsgefahr für Kind und Hund ist dabei einfach zu groß.

ELTERN SIND VORBILDER!

Gerade bei jüngeren Kindern sollten Sie alle diese Aufgaben nicht in Anwesenheit Ihrer Kinder erledigen, da diese dann eventuell versuchen werden, die Aufgaben nachzumachen. Da es aber immer einmal sein kann, dass Ihr Kind, von dem Sie denken, dass es in ein Spiel vertieft im Kinderzimmer ist, auf einmal um die Ecke kommt, während Sie gerade den Hund versorgen, sollten Sie zudem immer ruhig und freundlich mit Ihrem Hund umgehen. Wenn Ihr Hund z.B. herumzappelt und nicht still halten will, dürfen Sie nicht mit ihm schimpfen und ihn etwas gröber packen und festhalten, abgesehen davon, dass dies auch wenig sinnvoll und dem

Hund gegenüber unfair ist. Denn wenn Ihr Kind dieses Verhalten bei Ihnen sieht, besteht wiederum die Gefahr, dass es Sie nachahmt. Abgesehen davon, dass es trainingstechnisch auch wenig sinnvoll ist, in einer solchen Situation mit Ihrem Hund zu schimpfen, mag Ihr Hund bei Ihnen dieses Verhalten noch akzeptieren. Bei Ihrem Kind könnte hierauf vom Hund jedoch eine massive Korrektur erfolgen.

AUFGABEN, DIE KINDER ÜBER-NEHMEN KÖNNEN

Besonders geeignet sind Teilbereiche der Fellpflege sowie Streicheleinheiten bzw. Massage, beides aber wieder nur, wenn der Hund dies von klein auf kennengelernt hat und als angenehm empfindet. Ebenso können Kinder den Hund abtrocknen, wenn er vom Spaziergang im Regen nass nach Hause kommt oder ihm auch nur die Pfoten nach dem Spaziergang sauber machen.

KLEINKINDER

Jüngere Kinder setzen sich zum Bürsten gemeinsam mit Ihnen auf den Boden. Für den Hund ist bereits eine kuschelige Decke vorbereitet, sodass dieser sich dort entspannt hinlegen kann. Sie signalisieren dem Hund nun, dass er sich hinlegen soll. Der Hund wird, bevor es ans Bürsten geht, erst einmal gestreichelt. Dabei erklären Sie genau, wo der Hund gern gestreichelt werden mag und machen dies auch vor. Sie streicheln den Hund somit zunächst einmal langsam und ruhig über die Seite. Im Anschluss daran darf Ihr Kind den Hund nun auch streicheln. Nehmen Sie dazu ruhig auch die Hand Ihres Kindes in Ihre Hand und führen Sie Ihr Kind. So geben Sie ihm Sicherheit und helfen ihm, alles richtig zu machen. Die Bürste haben Sie zuvor schon in die Nähe gelegt, sodass Sie diese jetzt auch dazu nehmen können. Auch hier helfen Sie Ihrem Kind zunächst, indem Sie die Bürste gemeinsam führen. Natürlich kommt es dabei jetzt nicht darauf an, dass Ihr Kind Ihren Hund wirklich bürstet. Diese Aufgabe müssen Sie zu einem späteren Zeitpunkt selbst übernehmen. Denn gerade bei langhaarigen Hunden ist das Bürsten oft nicht so einfach, da das Fell schnell verfilzt und verknotet und das Bürsten für den Hund dann oft unangenehm ist. Daher nehmen Sie für das gemeinsame Bürsten mit Ihrem Kind auch besser eine sehr weiche Bürste, mit der das Fell im Grunde genommen kaum gebürstet wird. Sie sollten Ihren Hund dann aber nicht direkt im Anschluss danach noch einmal bürsten, sondern damit warten, bis Ihr Kind mit einer anderen Sache beschäftigt ist. Kinder nehmen ihre Aufgaben sehr ernst und so wäre Ihr Kind wohl sehr enttäuscht, wenn es sieht, dass Sie offensichtlich denken, es hätte den Hund nicht ordentlich gebürstet. Zudem würde es dann ja auch mitbekommen, dass Sie selbst eine andere Bürste nutzen und würde diese beim nächsten Mal auch benutzen wollen.

GRUNDSCHULKINDER

Ist Ihr Kind bereits im Grundschulalter, darf es das Bürsten des Hundes bereits etwas selbstständiger übernehmen. Natürlich sollte die Hauptpflege des Hundes auch hier durch Sie erfolgen. Sie bürsten Ihren Hund daher so, dass sein Fell nicht verfilzt und immer ordentlich ist. Wenn Ihr Kind nun Ihren Hund bürsten soll, lassen Sie es in Ihrer Anwesenheit den Pflegeplatz vorbereiten. Dazu soll es die Bürste des Hundes sowie seine Decke holen und diese an die ihm bekannte Stelle legen, an der auch Sie ihn sonst bürsten. Ihr Kind darf Ihrem Hund nun das Signal zum Hinlegen geben, dieses Signal muss Ihr Hund natürlich sicher beherrschen. Einige

Dem dreijährigen Noah hilft Martin Rütter noch beim Bürsten von Penny.

Kinder im Grundschulalter dürfen Hunde bereits selbstständig bürsten, hier schaut Martin nur noch zu.

Hunde reagieren auch tatsächlich auf ein solches Signal, da sie wissen, dass nun eine angenehme Zeit folgt. Manche werden aber unsicher den Blick zu Ihnen wenden und fragen, ob das so in Ordnung geht. Denn Grundschulkinder sind noch nicht in einem Alter, in welchem ein Hund sie generell ernst nimmt. Helfen Sie Ihrem Kind dann dabei, indem Sie z. B. unauffällig das Sichtzeichen für „Platz" geben, sodass sich Ihr Hund ablegt. Wenn Sie geschickt dabei vorgehen, bekommt Ihr Kind gar nicht mit, dass Ihr Hund sich eigentlich auf Ihre Anweisung hin gelegt hat. Zum Bürsten darf Ihr Kind nun ruhig die ganz normale Hundebürste verwenden. Da Sie selbst Ihren Hund ja auch noch bürsten, wird diese ungehindert durch das Fell gleiten. Im Anschluss an das Bürsten oder auch vorab zur Einstimmung bzw. als Alternative ohne Bürsten kann Ihr Kind Ihren Hund auch streicheln und massieren, also etwas fester kraulen. Zeigen Sie Ihrem Kind, wie fest es in das Fell des Hundes greifen darf. Dies ist je nach Hund unterschiedlich, beobachten Sie gemeinsam mit Ihrem Kind, wann sich Ihr Hund noch wohlfühlt und wann es ihm

unangenehm ist. Dazu können Sie Ihr Kind den Hund sowie z. B. die Kopfhaltung, die Ohrenhaltung etc. beschreiben lassen (siehe auch S. 76 ff.).

Weisen Sie Ihr Kind darauf hin, dass die knochigen Stellen, wie z. B. die Beine, eher ungeeignet sind, um den Hund zu kraulen. Einige Hunde sind auch kitzelig. Finden Sie gemeinsam heraus, an welchen Stellen Ihr Hund kitzelig ist. Meist sind dies die Pfoten. Wird ein Hund an den Pfotenballen oder den Zehenzwischenräumen berührt, zuckt er meist mit der Pfote weg.

TEENAGER

Immer vorausgesetzt, Ihr Hund mag Bürsten und Streicheleinheiten, dürfen Teenager diese Handlungen auch vollkommen eigenständig, also ohne dass Sie selbst als Eltern die ganze Zeit anwesend sind, durchführen. Allerdings sollte Ihr Teenager in den Jahren zuvor natürlich gelernt haben, was Ihr Hund gern mag und wie fest und an welchen Stellen er bürsten bzw. massieren kann. Sie können Ihrem Teenager diese Aufgabe auch soweit übertragen, dass er vollständig dafür verantwortlich ist. In diesem Fall muss er also darauf achten, dass das Fell nicht verknotet oder verfilzt und muss kleinere Knoten im Fell vorsichtig lösen. Und dennoch, hauptverantwortlich für Ihren Hund sind immer noch Sie. Überprüfen Sie also, aber bitte möglichst unauffällig, ob Ihr Teenager seine Verpflichtung ernst nimmt und Ihren Hund regelmäßig bürstet.

Helfen Sie Ihrem Jugendlichen daran zu denken, indem Sie z. B. eine bestimmte Zeit dafür festlegen. Doch Obacht, nichts ist für einen Jugendlichen schlimmer, als wenn ihm die Eltern nicht vertrauen bzw. nichts zutrauen. Fragen Sie daher nicht ständig nach, ob die Aufgaben auch wirklich erledigt sind. Letztendlich sehen Sie ja am Fell des Hundes, ob Ihr Teenager seine Pflichten ernst nimmt oder nicht. Und natürlich müssen Sie auch einspringen, wenn Ihr Jugendlicher verhindert ist. Es kann nicht sein, dass dieser auf alle Aktivitäten, wie z. B. einen Wochenendausflug mit der Klasse, verzichten muss, nur weil er den Hund versorgen soll.

Teenager wie Maja dürfen ihren Hund auch eigenständig bürsten, ohne Anwesenheit der Eltern.

Fütterung: Was Sie beachten müssen

Kinder können in jedem Alter bei der Fütterung des Hundes mithelfen, natürlich aber nur dann, wenn es beim Hund in Bezug auf Futter keine Probleme, wie z. B. aggressives Verhalten gibt! Zudem muss Ihr Hund gelernt haben, Futter sanft aus der Hand Ihres Kindes zu nehmen und nicht hektisch danach zu schnappen. Bei der Fütterung muss er gelernt haben, sitzen zu bleiben und zu warten, bis Ihr Kind den Futternapf hinstellt und Sie bzw. Ihr Kind ihn frei geben. Wichtig ist also, dass Ihr Hund grundsätzlich entspannt in Bezug auf Futter ist und er Grundregeln bzgl. der Fütterung erlernt hat.

Versucht Ihr Hund an das Futter zu gelangen, dann lassen Sie Ihre Hand geschlossen, bis er ruhig wartet.

FUTTER VORSICHTIG NEHMEN

Ihr Hund muss lernen, Futterstücke sanft zu nehmen und nicht danach zu schnappen, da er sonst Ihr Kind dabei verletzen könnte. Kinder halten Futterstücke oft noch ungeschickt und reagieren, falls ein Hund doch einmal hektisch nach dem Futter schnappt, auch nicht rechtzeitig, sodass einer der kleinen Finger schnell einmal zwischen den Zähnen ist.

Damit Ihr Hund lernt, Futter ruhig zu nehmen, können Sie folgendes Training durchführen. Nehmen Sie ein Futterstück, das Ihr Hund gern mag, in die geschlossene Faust. Versucht Ihr Hund nun an das Futter zu gelangen, ignorieren Sie ihn einfach. Warten Sie, bis er ruhiges und abwartendes Verhalten zeigt, indem er sich z. B. hinsetzt und Sie anschaut. In diesem Augenblick öffnen Sie die Hand. Stürmt er nun direkt wieder vor, um sich das Futterstück zu schnappen, machen Sie die Hand einfach wieder zu. Pech gehabt! Dies wiederholen Sie solange, bis Ihr Hund auch trotz geöffneter Hand ruhig und abwartend sitzen bleibt. Nun reichen Sie ihm das Futterstück auf der flachen Hand. Ihr Hund darf das Futter also erst nehmen, wenn Sie es ihm aktiv anbieten. Zusätzlich können Sie noch ein Signalwort aufbauen, wie z. B. das Wort „Nimm". In dem Augenblick, in dem Sie Ihrem Hund das Futter reichen, fügen Sie das Signalwort hinzu. Dies verdeutlicht Ihrem Hund noch einmal mehr, dass er das Futter nicht einfach immer sofort nehmen darf, sobald er es sieht. Funktioniert diese Übung gut, können Sie Ihr Kind miteinbeziehen.

Keine Futter-Fang-Spiele

Verzichten Sie auf „Futter-Fang-Spiele", da diese das schnelle Schnappen fördern. Ein bei vielen Menschen beliebter Trick ist es, den Hund vor sich abzusetzen und dann einen Futterbrocken in die Luft zu werfen, den der Hund fangen muss. Der Hund lernt also, dass es die Möglichkeit gibt, nach Futter durch eine schnelle Reaktion zu schnappen. Das ist nun aber genau das Gegenteil von dem, was er in Bezug auf Ihr Kind eigentlich lernen soll und so bietet sich für Sie als Familienhundehalter viel eher die bereits in Kapitel 3 beschriebene Impuls-Kontrollübung an (siehe S. 73 ff.).

WARTEN VOR DEM FUTTERNAPF

Auch bei der täglichen Fütterung darf Ihr Kind gern helfen, wenn Ihr Hund dabei entspannt ist und kein aggressives Verhalten gegenüber Menschen zeigt. Bevor Sie Ihr Kind einbeziehen, müssen Sie Ihrem Hund jedoch beibringen, auch vor einem mit leckerstem Futter gefüllten Napf ruhig zu warten, bis Sie ihn freigeben. Die Gefahr, dass Ihr Hund sonst auf Ihr Kind, das den Futternapf noch in der Hand hat, zustürmt und es umwirft, um so schnell wie möglich an das Futter zu gelangen, ist einfach zu groß. Denn auch wenn Ihr Hund dabei vollkommen freundlich ist, wird Ihr Kind den stürmisch zum Futter drängenden Hund nicht abwehren bzw. abhalten können und sich gegebenenfalls vielleicht sogar erschrecken und Angst vor Ihrem Hund bekommen.

Für diese Übung sollte Ihr Hund zunächst einmal das Signal „Bleib" sicher erlernt haben (siehe S. 64). Beginnen Sie das Training, indem Sie den Futternapf Ihres Hundes in die Hand nehmen und Ihren Hund in ein paar Schritten Entfernung von der Stelle, an der der Napf üblicherweise steht, absetzen. Futter brauchen Sie anfangs noch nicht in den Napf füllen. Geben Sie Ihrem Hund das

bekannte Signal „Bleib" und stellen Sie den leeren Napf an die vorgesehene Stelle. Behalten Sie Ihren Hund dabei noch im Auge, indem Sie ihm zugewandt bleiben. Schwierig für Ihren Hund wird der Moment sein, in dem Sie den Napf auf den Boden stellen. Zu Beginn können Sie daher kurz zuvor noch einmal das Signal „Bleib" aus der Distanz wiederholen. Sollte Ihr Hund aufstehen, nehmen Sie den Napf einfach wieder hoch, bringen Ihren Hund an seinen Warteplatz zurück und starten die Übung von vorne. Reduzieren Sie die Schwierigkeit aber nun, indem Sie z. B. erst einmal nur in Richtung Futterplatz gehen, den Napf aber noch nicht abstellen. Ist Ihr Hund brav sitzen geblieben, während Sie den Napf abgestellt haben, gehen Sie

Pebbles wartet bereits geduldig, bis Alexandra den mit Futter gefüllten Napf auf den Boden gestellt hat.

zu Ihrem Hund zurück und belohnen Sie ihn. Nach einigen Wiederholungen steigern Sie die Schwierigkeit, indem Sie ein paar Brocken Trockenfutter in den Napf legen. Ihr Hund soll dies beobachten können. Lassen Sie Ihren Hund sitzen, bringen Sie den Futternapf an den Futterplatz und gehen Sie zu Ihrem Hund zurück und belohnen Sie ihn. Nun gehen Sie wieder zurück zum Futternapf und holen diesen. Ihr Hund darf anfangs noch nicht zum Futternapf laufen und das Futter daraus fressen, da seine Erwartungshaltung sonst zu groß werden würde. Daher ist es auch wichtig, dass er nach jeder erfolgreich beendeten Übung eine Belohnung von Ihnen bekommt. Nur so lohnt sich für ihn das ruhige Warten. Füllen Sie nun immer mehr Futter in den

Napf, bis sich schließlich eine normale Portion Futter darin befindet. Nun darf Ihr Hund ab und an auch zum Futternapf laufen und diesen dann leer fressen. Schicken Sie ihn mit einem Signal zum Napf, wie z. B. mit dem Signal „Nimm". Trainieren Sie aber auch weiterhin, dass Ihr Hund zwar für das Sitzenbleiben eine Belohnung von Ihnen bekommt, er aber danach nicht zum Napf laufen und diesen leer fressen darf. Somit bleibt er auch in Zukunft entspannt vor dem Napf sitzen. Als letzte Steigerung können Sie den Napf noch mit besonders begehrtem Futter, wie z. B. Wiener Würstchen oder Fleisch, füllen. Schafft Ihr Hund auch diese Übung, können Sie Ihr Kind in die Fütterung Ihres Hundes miteinbeziehen.

Pebbles bekommt für das ruhige Sitzen und Warten eine Futterbelohnung aus der Hand.

Dann darf Pebbles auf ein Zeichen von Alexandra zum Futternapf laufen und fressen.

AUFGABEN FÜR KLEINKINDER

FUTTER AUS DER HAND GEBEN

Grundsätzlich muss Ihr Kind lernen, Ihrem Hund Futterstücke aus der flachen Hand zu geben, da dies die Gefahr minimiert, dass Ihr Hund doch einmal einen Finger erwischt. Auch Kleinkinder können dies bereits gut umsetzen. Helfen Sie Ihrem Kind dabei, indem Sie zunächst einmal selbst Ihrem Hund ein Leckerchen geben und Ihrem Kind so vormachen, wie es die Hand halten soll. Üben Sie das Leckerchengeben dann spielerisch, indem Sie die Rolle Ihres Hundes übernehmen. Ihr Kind soll Ihnen ein Futterstück auf der flachen Hand reichen, das Sie dann von seiner Hand nehmen. Um das Spiel „echter" zu gestalten, können Sie auch anstelle des Hundeleckerchens ein Gummibärchen nehmen. Hat Ihr Kind die Übung verstanden, darf es Ihrem Hund ein Futterstück geben. Viele Eltern versuchen nun, die Hand des Kindes zu führen. Dies ist aber nicht unbedingt sinnvoll, da sich das Kind überfordert und durch den Zwang der festgehaltenen Hand gestresst fühlen kann. Manche Kinder bekommen kurz bevor der Hund das Futterstück aufnehmen will, Angst und ziehen die Hand zurück bzw. lassen das Futterstück einfach fallen. Hat Ihr

Hund nun gelernt, fallendes Futter zu ignorieren bzw. Futter nur zu nehmen, wenn er die Freigabe durch das Signal „Nimm" erhält, wird er einfach ruhig sitzen bleiben und abwarten. Lassen Sie es Ihr Kind noch einmal versuchen, aber zwingen Sie es in keinem Fall. Ändern Sie die Übung ab, indem Ihr Kind Ihrem Hund ein Stück Futter auf den Boden wirft. Geben Sie Ihren Hund dann zusammen mit Ihrem Kind frei, sodass er das Futter fressen darf. Fühlt sich Ihr Kind sicher und hält Ihrem Hund die Hand mit dem Futter hin, denken Sie daran, das Futter für Ihren Hund in diesem Augenblick auch freizugeben. Denn wenn Sie die Übungen zuvor richtig aufgebaut haben, sind immer noch Sie und nicht Ihr Kind die Person, auf die Ihr Hund bezüglich einer Freigabe des Futters wartet.

HINSTELLEN DES FUTTERS

Bei der Fütterung Ihres Hundes können Sie Ihr Kleinkind miteinbeziehen, indem es mit Ihnen zusammen den Futternapf zum Futterplatz bringt. Je nachdem wie weit die Motorik Ihres Kindes entwickelt ist, darf es am Futterplatz den Napf nehmen und dort hinstellen. Gehen Sie dann zusammen mit Ihrem Kind zurück zu Ihrem Hund. Ihr Kind darf den Hund nun zum Futter schicken. Vermutlich wird

Martin übt mit Noah, wie man Hunden Futter gibt, indem er ein Bonbon aus dessen flacher Hand nimmt.

Gemeinsam mit Martin traut sich Noah, Martins Hündin Emma ein Leckerli zu geben.

Jasmin findet es spannend, wenn Kira ein Rinderohr frisst und läuft neugierig auf sie zu. Damit Kira ungestört fressen kann, greift Jasmins Mutter sofort ein und nimmt sie auf den Arm.

Ihr Hund auf die Freigabe durch Ihr Kind nicht reagieren, vor allem, wenn Sie die hier beschriebenen Übungen vorab aufgebaut haben. Stellen Sie sich daher hinter Ihr Kind und geben Sie Ihren Hund parallel zu Ihrem Kind mit einem Handzeichen frei. Ihr Kind sollte dabei möglichst gar nicht mitbekommen, dass es eigentlich Sie waren, der den Hund geschickt hat.

GEBEN VON KAUARTIKELN

Alternativ zum Leckerchen kann Ihr Kind Ihrem Hund auch einen Kauartikel, wie z. B. ein getrocknetes Rinderohr, geben. Dies fällt einigen Kindern leichter, da sie den Kauartikel nicht auf der flachen Hand übergeben müssen, sondern ihn an einem Ende festhalten können. Der Hund kann den Kauartikel nun am anderen Ende packen und aus der Hand des Kindes nehmen. Dabei muss er also keinen direkten Kontakt zur Hand des Kindes aufnehmen. Gerade in Bezug auf Kauartikel muss Ihr Kind lernen, Ihren Hund in Ruhe zu lassen, wenn dieser darauf herumkaut. Da es durchaus eine Zeit lang dauern kann, bis ein Hund ein Rinderohr aufgefressen hat, sollten Sie ihm dies in Anwesen-

heit des Kindes nur dann geben, wenn Sie Kind und Hund für die gesamte Zeit im Blick haben, sodass Sie eingreifen können, wenn Ihr Kind sich dem fressenden Hund nähert. Nehmen Sie Ihr Kind dann kommentarlos weg, möglichst noch bevor Ihr Hund eine Abwehrreaktion bzw. erzieherische Reaktion wie Fixieren oder Knurren zeigen kann.

Keine Störung beim Fressen!

In Bezug auf die Fütterung muss Ihr Kind lernen, dass es nicht einfach in den Futternapf des Hundes greifen darf, um Futter wieder herauszunehmen. Bleiben Sie daher nun gemeinsam mit Ihrem Kind in einiger Entfernung zum Futternapf stehen und warten Sie, bis Ihr Hund den Futternapf vollständig geleert hat. Erklären Sie Ihrem Kind, dass der Hund während des Fressens nicht gestört werden darf und es warten muss, bis dieser sich wieder vom Futternapf entfernt.

AUFGABEN FÜR GRUNDSCHULKINDER

Schulkinder dürfen die Fütterung in Anwesenheit der Eltern übernehmen. Sie dürfen dem Hund dabei bereits selbstständig das Signal „Bleib" geben, den Futternapf an den Futterplatz stellen und den Hund danach zum Futter schicken. Natürlich sind Sie dabei in der Nähe, damit Sie helfend eingreifen können, wenn Ihr Hund die Signale Ihres Schulkindes doch einmal nicht ausführt.

Bei Hunden, die mit dem Futterbeutel trainiert werden, dürfen Schulkinder diesen ebenfalls bereits eigenständig dem Hund werfen und den Hund dann daraus füttern. Auch die Gabe von Futterstücken

nach erfolgreich durchgeführten Übungen sowie das Füttern von Kauartikeln sind in Anwesenheit der Eltern möglich.

Ihr Kind im Grundschulalter muss nun allerdings lernen, dass es den Hund wirklich nur dann füttern darf, wenn Sie dabei sind. Dies erreichen Sie zum einen, indem Sie das Hundefutter so verwahren, dass es für Ihr Kind nicht direkt zugänglich ist, es also z. B. an einem erhöhten Platz im Schrank untergebracht wird. Zum anderen können Sie Ihrem Grundschulkind bereits erklären, dass zu viel Futter für Ihren Hund ungesund ist, da dieser dann zu dick und gegebenenfalls krank wird. Ebenso kann Ihr Grundschulkind bereits lernen, dass nicht alles für Menschen Essbare auch

---

DAS MÖGEN HUNDE!

Äpfel	Nudeln (gekocht!)
Birnen	Reis (gekocht!)
Bananen	Brot
Möhren	Rindfleisch
Gurke	Hühnerfleisch
Kartoffeln (gekocht!)	

DAS IST GEFÄHRLICH FÜR HUNDE!

Weintrauben	Zwiebeln
Rosinen	Kartoffeln (roh)
Schokolade	Schweinefleisch (roh)
Süßigkeiten	
Avocado	
Knoblauch	

für Hunde gesund ist. Gestalten Sie hierzu mit Ihrem Kind doch ein Plakat, auf welchem Sie bildlich darstellen, welche Lebensmittel für einen Hund gefährlich sind und ihn sehr krank machen können. Sie können dazu Bilder der Lebensmittel aus einer Zeitung ausschneiden und auf ein Plakat kleben. Gestalten Sie das Plakat in Form einer Tabelle. Auf die eine Seite der Tabelle kleben Sie die Bilder der Lebensmittel ein, auf die andere Seite kommen Sticker. Ein Smiley mit einem lachenden Gesicht steht dann für Lebensmittel, die Sie Ihrem Hund füttern, wie z. B. Fleisch, Nudeln und Reis. Ein Smiley mit einem traurigen Gesicht steht für Lebensmittel, die Ihr Hund keinesfalls fressen darf, wie z. B. Schokolade oder Zwiebeln.

AUFGABEN FÜR TEENAGER

Jugendliche dürfen den Hund auch komplett selbstständig füttern, wenn sie vom Hund bereits ernst genommen werden. Besprechen Sie dazu mit Ihrem Teenager genau, wie oft und zu welchen Zeiten in etwa Ihr Hund welche Menge an Futter bekommen soll. Erklären Sie ihm zudem genau, dass Leckerchen, die Ihr Teenager für das Training des Hundes benutzt, von der Gesamtfuttermenge abgezogen werden müssen. Haben Sie immer einen Blick auf die Fütterung Ihres Hundes. Natürlich sollen Sie Ihren

Mischlingshündin Penny apportiert gern ihren Futterbeutel. Auch auf ein Apportierspiel mit Malina und Martin lässt sie sich mit Begeisterung ein und bringt den Beutel freudig Malina zurück.

Jugendlichen nicht in Bezug auf jede erfolgte Fütterung kontrollieren. Für ihn ist es wichtig, zu wissen, dass Sie ihm vertrauen. Ob Ihr Hund ausreichend bzw. nicht zu viel Futter bekommt, können Sie am Zustand Ihres Hundes überprüfen. Sie können natürlich auch anhand der fehlenden Futtermenge kontrollieren, ob Ihr Kind die Fütterung des Hundes ernsthaft übernimmt. Berechnen Sie dazu, wieviel Futter Ihr Hund täglich bekommen soll und wie lange ein Futtersack für ihn reichen sollte. Während Ihr Teenager in der Schule ist, können Sie einfach einmal einen Blick in den Futtersack werfen und überprüfen, ob die Menge in etwa mit der berechneten fehlenden Futtermenge übereinstimmt. Und sollte Ihr Teenager wirklich einmal eine Fütterung vergessen, ist dies auch kein Drama. Hunde sollten zwar regelmäßig ein- bis zweimal am Tag gefüttert werden, dabei können die Uhrzeiten aber durchaus variieren und es kann ruhig auch einmal eine Mahlzeit ausfallen. So lernt Ihr Hund, sich nicht auf feste Fütterungszeiten einzustellen und Futter einzufordern. In der Natur gibt es für einen wild lebenden Hund auch keine festen Fütterungszeiten. Gefressen wird, wenn gerade Futter da ist.

Spaziergang: Raus in die Natur

Entscheidet sich eine Familie für einen Hund, haben gerade die Eltern oftmals die Vorstellung, dass der Spaziergang vom Kind übernommen werden kann. Beim Spaziergang von Kind und Hund ohne Anwesenheit der Eltern muss man jedoch einiges bedenken. Zum einen gibt es vom Gesetz her Einschränkungen in Bezug darauf, wer einen Hund in der Öffentlichkeit ausführen darf. In der Regel dürfen als gefährlich eingestufte Hunde, dies kann durch Verhaltensauffälligkeit oder durch Rassezugehörigkeit erfolgen und variiert je nach Bundesland, nicht von Personen unter 18 Jahren ausgeführt werden. Auch für das Führen von Hunden einer bestimmten Größe wird die Zuverlässig-keit einer Person vorausgesetzt, zudem muss der Ausführende des Hundes körperlich in der Lage sein, den Hund zu halten. Beides trifft in Bezug auf Kind und Hund jedoch in der Regel nicht zu. Auch die Haftpflichtversicherung, die jeder Hundehalter für seinen Hund abgeschlossen haben sollte, bezahlt in aller Regel nicht, wenn ein Schaden von einem Hund verursacht wurde, der von einem Kind spazieren geführt wurde! Erkundigen Sie sich daher vorab genau im Landeshundegesetz des jeweiligen Bundeslandes, welche Einschränkungen für das Ausführen von Hunden gelten, sowie bei Ihrer Versicherung, ob es Ausschlüsse in Bezug auf das Ausführen des Hundes von Kindern gibt.

Cooper soll lernen, an lockerer Leine zu laufen. Zuerst gewinnt Sarah Coopers Aufmerksamkeit.

Läuft Cooper an lockerer Leine, bekommt er eine Belohnung von Sarah.

LEINENFÜHRIGKEIT TRAINIEREN

Damit Ihr Hund überhaupt von Ihrem Kind – je nach Alter mit Ihnen zusammen oder auch alleine – an der Leine spazieren geführt werden kann, müssen Sie ihm beibringen, ohne Ziehen an der Leine zu laufen.

Für das Training der Leinenführigkeit befestigen Sie eine ca. 2 m lange Leine an einem relativ breiten Halsband Ihres Hundes. Die Leine soll so lang sein, dass sie nicht direkt auf Zug ist, wenn Ihr Hund sich einen Schritt von Ihnen entfernt, sie darf aber auch nicht zu lang sein, da Ihr Hund oder Sie sonst beim Training darüber stolpern würden. Halten Sie die Leine mit beiden Händen am Ende fest, so werden Sie weniger dazu verleitet, an der Leine zu rucken und Ihren Hund für falsches Verhalten zu korrigieren. Denn Ihr Hund soll bei diesem Training lernen, sich an Ihnen zu orientieren und auf Sie zu achten, indem er für jede richtige Übung eine Belohnung erhält, Sie trainieren also wieder mithilfe des Lernprinzips der positiven Verstärkung (siehe S. 65). Suchen Sie anfangs eine ablenkungsfreie Trainingsumgebung, damit Ihrem Hund das Training und die Konzentration auf Sie leicht fällt.

Als erstes bringen Sie Ihrem Hund ein Aufmerksamkeitssignal bei, das ihm künftig signalisiert, dass das Leinenführtraining beginnt bzw. später ein Richtungswechsel ansteht. Als Aufmerksamkeitssignal können Sie entweder ein Geräusch wie ein Schnalzen wählen oder aber auch ein Wort, wie z. B. „Look" oder „Schau". Warten Sie, bis Ihr Hund aufmerksam ist und Sie anschaut, sprechen Sie dann das neue Signalwort aus und belohnen Sie Ihren Hund. Wiederholen Sie die Übung einige Male, bis Ihr Hund Sie auf das Signal hin erwartungsvoll anschaut! Nun folgt der erste Schritt an der Leine. Beginnen Sie mit dem Aufmerksamkeitssignal. Schaut Ihr Hund Sie daraufhin an, bewegen Sie sich einen Schritt von Ihrem Hund weg. Ihr Hund wird neugierig auf das, was da nun kommt, folgen. Da Sie nur einen Schritt machen, wird die

Leine locker bleiben und Sie können Ihren Hund belohnen. Folgt Ihr Hund Ihnen immer aufmerksam an lockerer Leine, steigern Sie das Training auf 2 bis 3 Schritte. Wechseln Sie nun die Anzahl der Schritte, mal belohnen Sie direkt nach einem Schritt, mal nach 2 oder 3 Schritten. Ihr Hund darf nie wissen, wann die Übung endet, so bleibt er stets aufmerksam, denn es könnte ja nach jedem Schritt soweit sein, dass er eine Belohnung erhält! Verlängern Sie nun die gelaufene Strecke schrittweise immer mehr. Sie können jetzt auch ein Hörzeichen, wie z. B. das Signal „Fuß", hinzufügen.

Zudem ist es an der Zeit, einen Richtungswechsel einzubauen. Damit Sie Ihren Hund jetzt nicht anrempeln bzw. ihm durch den Richtungswechsel weglaufen, sodass sich die Leine spannt, sprechen Sie vor jedem Richtungswechsel erst einmal Ihr Aufmerksamkeitssignal aus. Schaut Ihr Hund Sie danach aufmerksam an, biegen Sie in die neue Richtung ab. Am einfachsten ist dabei zunächst einmal das Abbiegen von Ihrem Hund weg.

Das Abbiegen auf Ihren Hund zu ist in der Regel die schwierigere Variante, da Sie in den Laufweg Ihres Hundes laufen. Erst wenn das Abbiegen in beide Richtungen sicher in allen Situationen und

Sobald Cooper einige Schritte geradeaus an lockerer Leine läuft, trainiert Sarah Richtungswechsel.

auch bei unterschiedlichen Ablenkungen klappt, setzen Sie die einzelnen Übungen zusammen. Kombinieren Sie dazu Ihre 4 bis 5 Schritte Geradeaus-Laufen mit einem Winkel und schließen Sie daran noch einmal ein kurzes Stück Geradeaus-Laufen an. Gestalten Sie das Leinenführtraining immer sehr abwechslungsreich. Sie können z. B. das Tempo variieren, indem Sie einmal eine kurze Strecke im Laufschritt zurücklegen und direkt danach in einen extrem langsamen Schritt fallen. Sie können sich auch spannende Untergründe suchen oder aber kleine Hindernisse im Weg miteinbauen.

SPAZIERGANG MIT EINEM KLEINKIND

Kleinkinder können natürlich in keinem Fall mit einem Hund alleine spazieren gehen. Sie können nicht vorausschauend handeln und sollten ja auch ohne Hund nicht alleine am Straßenverkehr teilnehmen. Vielleicht sind Sie aber auf einem Feldweg abseits jeglichen Verkehrs unterwegs und denken sich, dass Ihr Kind hier nun gefahrlos die Leine des Hundes übernehmen kann? Bedenken Sie, dass Ihr Kind noch nicht so sicher auf den Beinen ist und selbst ein kleiner Hund, der auf einmal nach vorne schießt, weil er eine Katze entdeckt hat oder ein Kaninchen vor ihm hochgegangen ist, enorme Kräfte entwickeln kann. Ihr Kind wird Ihren Hund in einem solchen Augenblick nicht halten können. Sofern es die Leine des Hundes sofort loslässt, müssen Sie sich zumindest um Ihr Kind keine Sorgen mehr machen. Jedoch wollen auch Kleinkinder ihre Aufgaben ja gut durchführen und halten in einem solchen Augenblick die Leine reflexartig eher noch fester. Ihr Hund wird Ihr Kind daher umreißen, sodass es hinfällt und sich verletzen, zumindest aber sehr erschrecken kann. Handelt es sich um einen großen Hund, kann dieser Ihr Kind durchaus auch noch einige Schritte hinter sich her schleifen und dann wirklich schwer verletzen.

Doch wie können Sie Ihr Kleinkind dann auf dem Spaziergang miteinbeziehen? Lassen Sie Ihr Kind z. B. einfach die Leine in der Mitte halten. Sie behalten das Ende der Leine weiterhin in der Hand

Martin und Noah halten gemeinsam die Leine. Die 11 Jahre alte Kangal-Hündin Tequi folgt aufmerksam.

als letzte Sicherung. Gleichzeitig dazu halten Sie Ihr Kind selbst an der Hand fest. Sollte Ihr Hund nun auf einmal losstürmen, können Sie selbst sowohl die Leine als auch Ihr Kind festhalten und somit Kind und Hund sichern. Allerdings eignet sich diese Variante nur für Hunde, die wirklich vollkommen entspannt und ruhig an der Leine laufen. Zudem möchten manche Kinder auch nicht, dass die Eltern die Leine zusätzlich in der Hand halten, sie wollen den Hund „ganz allein" halten.

Sollte Ihr Hund noch jung und daher stürmisch und impulsiv sein, können Sie auch einfach eine zweite Leine am Hund befestigen. Dazu sollte Ihr Hund dann sowohl ein Halsband als auch ein Geschirr tragen. Befestigen Sie nun eine Leine am Halsband Ihres Hundes, mit der Sie selbst Ihren Hund führen. Am Geschirr des Hundes wird die zweite Leine befestigt, die Ihr Kind halten darf. So hat es das Gefühl, den Hund eigenständig zu führen, da es eine Leine ganz für sich hat. Probieren Sie einfach aus, welche Variante für Sie, Ihr Kind und Ihren Hund am besten geeignet ist.

SPAZIERGANG MIT GRUNDSCHULKINDERN

Je nach Größe Ihres Hundes dürfen Schulkinder auf dem gemeinsamen Spaziergang mit Ihnen die Leine Ihres Hundes auch schon ganz alleine halten. Natürlich sind Sie für den Notfall immer in der direkten Nähe von Kind und Hund, sodass Sie gegebenenfalls eingreifen können. Dies gilt aber nur für Hunde, die grundsätzlich sozial verträglich sind und kein aggressives Verhalten gegenüber anderen Menschen und Hunden zeigen.

Ihr Schulkind muss nun lernen, die Leine sofort loszulassen, falls Ihr Hund einmal plötzlich nach vorne springt. Sie können dies vorab mit Ihrem Kind ohne Ihren Hund üben, indem Sie die Rolle des Hundes übernehmen. Nehmen Sie dazu das Leinenende mit dem Karabinerhaken in die Hand, Ihr Kind fasst die Leine am anderen Ende an der Schlaufe. Nun laufen Sie vorneweg vor Ihrem Kind in einem gemächlichen Tempo. Bleiben Sie ruhig zwischendurch einmal stehen, Ihr Hund wird auch immer wieder einmal innehalten, um zu schnüffeln oder sich zu lösen. Laufen Sie weiter und erhöhen Sie dann auf einmal das Tempo zum Laufschritt. Genau in diesem Augenblick soll Ihr Kind nun die Leine loslassen. Hat es diese Übung verinnerlicht, wird es auch bei Ihrem Hund nicht so schnell dazu neigen, den Hund unbedingt festhalten zu wollen. Denn ein großer Hund wird auch ein Grundschulkind problemlos zu Fall bringen, wenn er in die Leine springt, sodass Verletzungen des Kindes möglich sind.

KÖNNEN GRUNDSCHULKINDER ALLEIN MIT DEM HUND SPAZIEREN GEHEN?

Viele Eltern meinen, dass ihr Grundschulkind problemlos auch alleine mit dem Familienhund spazieren gehen könne. Schließlich darf es auch alleine zur Schule gehen oder am Nachmittag zum Spielen zu Freundin oder Freund ein paar Straßen weiter, da es bereits sehr umsichtig handelt, den Verkehr im Blick hat, nicht einfach auf oder über die Straße rennt und somit am Straßenverkehr zumindest in eher verkehrsberuhigten Bereichen auch alleine

Die 11-jährige Malina darf auf dem Spaziergang mit Martin und Tequi die Leine allein festhalten.

teilnehmen darf. Doch es ist immer noch etwas anderes, nur für sich selbst verantwortlich zu sein und Entscheidungen zu treffen, als auch noch die Verantwortung für ein anderes Lebewesen zu tragen. Ihr Kind muss vorausschauend handeln und den Hund z. B. immer dann, wenn ein Mensch mit Hund entgegenkommt, erst einmal anleinen.

Ein Freilauf sollte immer nur nach Absprache mit dem anderen Hundehalter erfolgen, denn nicht alle Hunde sind verträglich mit Artgenossen und können frei laufen gelassen werden. Ein Hund kann auch krank sein oder aber der Hundehalter hat gerade einfach keine Zeit für einen Freilauf. Gegenseitige Rücksichtnahme ist unerlässlich und dies sollte Ihr Kind gerade im Umgang mit dem Hund von Ihnen lernen. Zudem muss Ihr Kind den Verkehr im Auge behalten und z. B. die Geschwindigkeit Ihres Hundes einschätzen können. Denn auch, wenn es meint, eine Straße sei noch weit entfernt, kann diese vom durchstartenden Hund doch schnell erreicht sein, sodass es dann direkt gefährlich wird!

Und selbst wenn alle diese Voraussetzungen gegeben sind, Ihr Kind also vorausschauend handelt und Ihr Hund wirklich gut erzogen ist, kann Ihr Kind dennoch in Situationen kommen, die es überfordern. Denn leider lassen nicht alle Menschen Ihren Hund bei der Begegnung mit anderen Hunden erst einmal an der Leine, und selbst wenn, kann es auch hier immer wieder einmal passieren, dass ein erwachsener Mensch den plötzlich losstürmenden Hund nicht halten kann. Problematisch wird dies vor allem dann, wenn der Hund aufgrund von ernsthafter Aggression handelt. Stürzt sich nun ein fremder Hund mit aggressivem Verhalten auf den eigenen Hund, haben Kinder im ersten Augenblick häufig das Bedürfnis, den geliebten Vierbeiner zu beschützen und ihm zu helfen. Sie gehen dann

Spaziergang Teenager / Hund

Will man Teenager und Hund alleine spazieren gehen lassen, sollten die folgenden Bedingungen auf jeden Fall erfüllt sein:

- Der Hund zeigt keine Aggressionen gegenüber Menschen oder Tieren.
- Der Hund ist umweltsicher, auch bei plötzlich auftretenden Reizen.
- Der Hund beherrscht das Signal „Hier" und geht ohne Ziehen an der Leine.
- Der Teenager kann den Hund körperlich halten.
- Der Teenager befolgt Anweisungen, wie z. B. den Hund bei einem angeleinten Hund nicht laufen zu lassen oder in einen Streit niemals einzugreifen.
- Der Teenager erkennt Gefahrensituationen frühzeitig und reagiert richtig darauf. Er ruft z. B. den Hund rechtzeitig vor einer Straße oder beim Zusammentreffen mit einem angeleinten Hund und leint ihn an.

zwischen die streitenden Hunde, was schnell zu schweren Verletzungen Ihres Kindes führen kann. Kinder müssen also lernen, in einer solchen Situation auf gar keinen Fall einzugreifen. Sie müssen abwarten, bis die beiden Hunde sich trennen und der Hund gefahrlos wieder gerufen und angeleint werden kann. Und auch wenn ein Kind diese Vorgabe befolgt, kann es dennoch schwer traumatisiert werden. Zusehen zu müssen, wie der eigene Hund eventuell gebissen und dabei vielleicht sogar schwer verletzt oder im schlimmsten Fall sogar getötet wird, ist schon für einen erwachsenen Menschen sehr schwer zu verarbeiten. Ein Kind wird sich aber oft ein Leben lang diesbezüglich Vorwürfe machen.

SPAZIERGANG MIT TEENAGERN

Wenn überhaupt, kommen daher aus meiner Sicht also nur Jugendliche für den selbstständigen Spaziergang mit Hund in Frage. Wenn Sie der Meinung sind, dass Ihr Jugendlicher genug Verantwortung besitzt und vorausschauend handeln kann, sowie sich an die vereinbarten Regeln hält, klären Sie aber bitte immer auch die Gesetzeslage sowie die Vorgaben Ihrer Haftpflichtversicherung Ihres Hundes ab. Denn es ist schnell passiert, dass ein Hund doch einmal dem Hasen hinterherrennt und dabei auf die Straße läuft. Verursacht er dabei einen Unfall, im schlimmsten Fall sogar mit Personenschäden, sind die Summen, die Sie zahlen müssen, wenn die Versicherung den Schaden nicht übernimmt, schnell unermesslich hoch.

Besprechen Sie mit Ihrem Teenager genau, in welchem Gebiet er mit Ihrem Hund spazieren gehen darf und in welchem Bereich bzw. in welchen Situationen er Ihren Hund auch einmal frei laufen lassen darf. Hierzu ist es natürlich unerlässlich, dass Ihr Hund einen sicheren Rückruf beherrscht (siehe S. 64). Gehen Sie hierzu anfangs gemeinsam mit dem Jugendlichen spazieren und lassen Sie ihn alle Aufgaben selbstständig übernehmen. Wenn Sie nicht mehr helfend eingreifen müssen, darf Ihr Jugendlicher nun das erste Mal auch ganz alleine mit dem Hund spazieren gehen.

*Der 13 Jahre alte Til darf bereits allein mit der Lagotto Romagnolo-Hündin Ally spazieren gehen.
Er genießt die gemeinsame Zeit mit dem Hund – ohne Eltern – sehr.*

AKTIVITÄTEN AUF DEM SPAZIERGANG

Die Einbindung Ihres Kindes auf dem Spaziergang in Bezug auf das Führen Ihres Hundes an der Leine ist somit also eher begrenzt. Doch es gibt noch andere Möglichkeiten, Ihr Kind in den Spaziergang mit Hund aktiv einzubinden. Sie können sich verschiedene Beschäftigungsmöglichkeiten für Ihren Hund für unterwegs ausdenken, die dann auch Ihr Kind mit Ihrem Hund durchführen darf. Und nicht nur Ihr Kind, auch Ihr Hund wird an den spannenden Spielen unterwegs bestimmt viel Spaß haben. Denn Hunde gehen nicht einfach nur spazieren und genießen die schöne Umgebung und das gute Wetter. Auf dem Spaziergang verfolgt ein Hund Spuren und überprüft, wer sich alles zuvor hier aufgehalten hat. Wenn Sie nun einfach nur nebeneinander herlaufen, wird es Ihrem Hund schnell langweilig werden. Die Gefahr, dass er sich verselbstständigt, ist groß. Ihr Hund wird sich häufig immer weiter von Ihnen entfernen, Spuren verfolgen und gegebenenfalls sogar Wild jagen. Probieren Sie daher doch einfach einmal aus, als Alternative dazu kleine Spiele auf dem Spaziergang miteinzubauen. Die meisten dieser Spiele können auch von Ihrem Kind durchgeführt werden.

Auf dem Spaziergang: Spiele für Zwischendurch

Es gibt viele unterschiedliche Beschäftigungsmöglichkeiten, an denen sowohl Kinder wie auch Hunde Spaß haben.

1 Über Baumstämme balancieren

Lass dir von deinen Eltern ein Futterstück in die Hand geben. Sucht dann gemeinsam einen breiten, fest liegenden Baumstamm im Wald, auf dem dein Hund gut balancieren kann. Führe deinen Hund nun mit dem Leckerchen auf den Baumstamm hinauf und lass ihn über den Baumstamm balancieren. Am Ende gibt es dann natürlich das Futter zur Belohnung. Du kannst auch gemeinsam mit deinem Hund über den Baumstamm balancieren. Lass deinen Hund aber vor dir laufen!

2 Futtersuche

Für die Futtersuche gibt es unterschiedliche Möglichkeiten: Verstecke den Futterbrocken z. B. in der borkigen Rinde eines Baumes. Runde Futterbrocken mit Loch kannst du auch über den Ast eines Strauches ziehen. Dein Hund wartet so lange bei deinen Eltern. Gehe zu ihnen und schicke deinen Hund zur Futtersuche.

3   Apportierspiele

Anstelle von Futter kannst du auch einen Gegenstand verstecken, den dein Hund suchen und dann zu dir zurückbringen soll. Das Apportieren können ihm deine Eltern vorab beibringen (siehe S. 138 f.).

4   Wettlaufen

Wer ist schneller, du oder dein Hund? Ein Elternteil legt eine Startlinie fest, hinter der du und dein Hund warten. Dein Hund muss dazu das Signal „Bleib" beherrschen (siehe S. 64). Aus Entfernung werdet ihr nun von deinen Eltern gerufen. Wer als erster bei ihnen ist, hat gewonnen.
Hunde sind sehr schnell, also ärgere dich nicht, wenn dein Hund zuerst ankommt. Freue dich darüber, dass du einen so schnellen Hund hast.

5   Wo bin ich?

Dieses Spiel kennst du bestimmt. Such dir ein Versteck am Wegesrand aus, dein Hund bleibt bei deinen Eltern sitzen. Sobald du dich versteckt hast, wird dein Hund auf die Suche geschickt. Am Anfang darf er dir beim Verstecken zuschauen und du solltest auch kein so schweres Versteck wählen. Deine Eltern dürfen deinem Hund natürlich auch bei der Suche helfen und ein Stück mitlaufen. Hat er dich gefunden, gibst du ihm ein Leckerchen.

Hundetraining und Beschäftigung

Gerade in Bezug auf das Training und die Beschäftigung Ihres Hundes können Sie Ihr Kind in jedem Alter miteinbeziehen. Je nach Vorliebe Ihres Hundes bieten sich dabei z. B. Suchspiele an, bei denen Ihr Hund die Nase einsetzen kann, Apportierspiele, bei denen es hauptsächlich um das Bringen von Beute geht, Bewegungsspiele, bei denen sowohl Hund als auch Kind aktiv sein müssen und somit die Motorik und Fitness gefördert wird oder Denkspiele, bei denen Hund und Kind sich konzentrieren müssen. Probieren Sie aus, welche der Beschäftigungsformen für Ihren Hund und Ihr Kind am besten passt.

Kleinkindern können Sie helfen, indem Sie unbemerkt das Sichtzeichen für das Signal geben.

KLEINKINDER

Das Training von Hund und Kleinkind gestalten Sie so, dass Sie immer gemeinsam mit Ihrem Kleinkind das Training durchführen. Ihr Hund muss zudem die jeweilige Beschäftigungsform bereits erlernt haben. Sie erklären Ihrem Kleinkind die Aufgabe, wie z. B., dass Ihr Hund sich auf ein bestimmtes Handzeichen hin setzen soll und zeigen ihm das Zeichen – also die erhobene Hand mit ausgestrecktem Zeigefinger – genau. Üben Sie dieses mit Ihrem Kind ruhig erst einmal ohne Anwesenheit Ihres Hundes. Beim Training mit dem Hund hebt Ihr Kind nun die Hand mit ausgestrecktem Zeigefinger wie besprochen nach oben. Ihr Hund wird Sie jetzt vielleicht erst einmal fragend anschauen, denn Hunde nehmen Kinder in diesem Alter noch nicht ernst. Helfen Sie Ihrem Kind in diesem Fall, aber bitte unauffällig. Am besten stehen Sie dazu hinter Ihrem Kind und heben selbst einmal kurz die Hand zum Signal „Sitz". Ihr Hund wird sich setzen und Ihr Kind sehr stolz sein, dass es die Aufgabe gemeistert und Ihr Hund sich auf sein Zeichen hin gesetzt hat.

Achten Sie darauf, dass Ihr Kind nicht bemerkt, dass Sie ihm geholfen haben. Auch in diesem Alter möchten Kinder eigenständig Aufgaben erledigen.Belassen Sie es aber bitte bei einfachen Aufgaben, wie z. B. den Signalen „Sitz" oder „Platz", denn komplexe Aufgaben oder sogar eine ganze Handlungskette wird Ihr Kleinkind noch nicht umsetzen können.

Bei den ersten Apportierübungen von Ginger und Til... *...ist Papa Holger noch mit dabei.*

GRUNDSCHULKINDER

Ihr Kind im Grundschulalter kann bereits selbstständig mit Ihrem Hund trainieren. Allerdings ist auch hier wieder Voraussetzung, dass Ihr Hund die Beschäftigungsformen bereits kennt. Sie müssen ihm die Signale also vorab beigebracht haben. Erklären Sie Ihrem Kind die jeweilige Aufgabe, die es mit Ihrem Hund ausführen soll. So soll es z. B. beim Apportierspiel den Ball werfen und Ihren Hund auffordern, diesen zu ihm zurückzubringen. Bleiben Sie aber bitte gerade anfangs in der Nähe, um helfend einzugreifen. Viele Hunde laufen nämlich oft erst einmal mit dem Apportiergegenstand wieder zum Erwachsenen, der ja vorab das Training mit ihm durchgeführt hat. Wenn Sie daher anfangs einfach hinter Ihrem Kind stehen, läuft Ihr Hund automatisch mit dem Ball in Richtung Ihres Kindes. Will Ihr Hund den Ball nun an Sie übergeben, ignorieren Sie das Verhalten einfach. Ihr Kind soll den Hund noch einmal auffordern, den Ball in seine Hand zu legen. Wenn Sie dies noch 2- bis 3-mal wiederholt haben, wird Ihr Hund verstanden haben, dass Ihr Kind nun die Rolle des Spielleiters übernommen hat. Aber auch dann lassen Sie Kind und Hund bitte nicht allein beim Spiel. Sie sollten immer in der Nähe sein, um helfend eingreifen zu können. Die Aufgaben dürfen dabei ruhig auch schon etwas komplexer sein, dennoch sollten Sie Kind und Hund nicht mit zu schweren Trainingsformen und Spielen überfordern und damit beide eventuell frustrieren.

TEENAGER

Jugendliche dürfen dem Hund auch neue Signale und Aufgaben beibringen, vorausgesetzt, der Hund nimmt den Jugendlichen bereits ernst. Die Aufgaben dürfen dabei auch schon komplex sein, der Jugendliche darf sich gern auch neue Handlungsketten ausdenken. Dies ist gerade beim Tricktraining hervorragend möglich, weshalb es sich besonders für das gemeinsame Training von Teenager und Hund eignet. Am Ende kann dann sogar eine richtige Vorführung stehen, die gern auch auf der Familienfeier vorgeführt werden darf.

Jugendliche führen gern Tricks mit ihren Hunden vor, auch die Hunde sind meist mit Begeisterung dabei.

Gemeinsames Training mit deinem Hund

Auf den nächsten Seiten findest du einige Beispiele für Beschäftigungsformen, die dir und deinem Hund bestimmt viel Spaß machen. Finde heraus, welche dein Hund besonders gern mag und mit Begeisterung dabei ist.

FUTTERSUCHSPIELE

Die meisten Hunde fressen gern und so sind Spiele mit Futter bei Hunden in der Regel sehr begehrt. Da Hunde gern ihre Nase einsetzen, kannst du ihnen das Futter auch verstecken, so dass sie dieses erst einmal suchen müssen, bevor sie es fressen können.

Gib deinem Hund nun zunächst einmal das Signal „Bleib". Während er wartet, gehst du einige Schritte in eine etwas höher bewachsene Wiese. Dort verteilst du einige Futterstücke, bevor du dann zu deinem Hund zurückgehst. Wenn dein Hund brav sitzengeblieben ist, kannst du ihn jetzt erst einmal dafür mit einem Futterstück belohnen. Danach schickst du ihn z. B. mit dem Signal „Such" in Richtung des Futters auf der Wiese. Dabei kannst du mit der Hand auch in Richtung der Futterstücke zeigen. Nun darf dein Hund loslaufen und das ausgestreute Futter suchen. Diese Übung kannst du mehrmals an unterschiedlichen Stellen wiederholen.

Schwieriger wird es, wenn dein Hund beim Auswerfen der Futterstücke nicht mehr zuschauen darf. Dazu bleibt er z. B. erst einmal noch im Haus oder Auto, während du im Garten oder auf einer Wiese Futter auswirfst. Vielleicht klappt das Signal „Bleib"

auch bereits so gut, dass du ihn hinter einem großen Baum oder einer Mauer ablegen oder absetzen kannst? Sind die Futterstücke auf der Wiese verstreut, holst du deinen Hund und schickst ihn wie bei der Übung vorher auch mit dem Wort „Such" auf die Suche. Du kannst dabei auch wieder mit der Hand in Richtung des Futters zeigen. Ist dein Hund anfangs noch unsicher, gehst du einfach mit ihm zusammen in Richtung des Futters. In der Nähe eines Futterstücks zeigst du dann auf das Futter und wiederholst das Signal „Such". Schnell wird dein Hund lernen, dass es sich auch lohnt, die Nase einzusetzen, obwohl er gar nicht beobachtet hat, dass du etwas ausgelegt hast.

SUCHE EINES GEGENSTANDES

Alternativ kannst du deinen Hund auch ein Spielzeug suchen lassen. Der Ablauf ist dabei der Gleiche wie bei der Futtersuche. Du lässt deinen Hund absitzen oder abliegen, gehst einige Schritte von ihm weg und versteckst den Gegenstand in einer etwas höheren Wiese. Anfangs nimmst du nur einen Gegenstand. Du kannst beim Verstecken des Gegenstandes auch mehrere Verstecke antäuschen, bevor du diesen irgendwo liegen lässt.

Paddy wartet außer Sicht, bis Joelle die Futterbrocken für die Suche versteckt hat.

So weiß dein Hund nicht direkt, wo genau der Gegenstand liegt. Danach gehst du zurück zu deinem Hund und schickst ihn mit dem Signal „Such" auf die Suche nach dem Gegenstand. Später kannst du auch mehrere Gegenstände verstecken, so dass du deinen Hund immer wieder erneut zur Suche auf die Wiese schicken kannst. Merke dir aber, wie viele Gegenstände du versteckt hast, damit dein Hund nicht suchen muss, obwohl gar kein Gegenstand mehr auf der Wiese liegt! Damit die Suche nach einem Gegenstand funktioniert, muss dein Hund allerdings gelernt haben, dir einen gefundenen Gegenstand auch zu bringen. Läuft er damit weg, wird das Spiel sehr einseitig, denn abjagen wirst du es ihm niemals können, dazu sind Hunde einfach viel zu schnell! Wie dein Hund lernt, einen Gegenstand zu bringen, lernst du auf den nächsten Seiten.

Nachdem Joelle für den Dackel Paddy einige Futterbrocken in der Wiese versteckt hat, belohnt sie ihn zunächst für das ruhige Warten. Danach schickt sie Paddy zur Suche, der begeistert losläuft.

APPORTIEREN – NICHT NUR DEM BALL HINTERHER!

Damit dein Hund lernt, einen Gegenstand zu dir zurückzubringen, musst du zunächst einmal herausfinden, welchen Gegenstand dein Hund besonders mag, wie z. B. einen Ball, ein Stofftier oder ein Dummy, damit er sich auch für den Gegenstand interessiert. Du nimmst nun den Gegenstand eurer Wahl in die Hand und zeigst ihn deinem Hund. Mach ihn auf den Gegenstand aufmerksam. Ist dein Hund noch nicht so interessiert, kannst du den Gegenstand auch ein paar Mal vor deinem Hund hin und her bewegen, sodass er hinterher

springt und versucht, diesen zu fangen. In diesem Augenblick wirfst du nun den Gegenstand ein Stück weit von dir weg. Dein Hund sollte dabei an einer am Geschirr befestigten Schleppleine gesichert sein. Du kannst dir dabei ruhig von einem Erwachsenen helfen lassen. Bitte einfach deine Mutter oder deinen Vater, die Schleppleine zu halten. Damit verhindert ihr, dass euer Hund mit dem Gegenstand weglaufen kann. Hat dein Hund den Gegenstand im Maul, lockst du ihn, indem du dich z. B. hinhockst, dich ein paar Schritte rückwärts von ihm weg bewegst und dabei seinen Namen rufst. Kommt er nun in deine Richtung, freust du dich und lobst ihn dafür. Bei dir angekommen,

*Bei den ersten Apportierübungen mit dem Futter-
beutel nimmt Martin den Australian Shepherd-Rüden
Wynton an die Schleppleine, so dass dieser mit dem
Futterbeutel nicht weglaufen kann.*

nimmst du ihm den Gegenstand ab und gibst ihm
dafür im Tausch ein Stück Futter. Und schon kann
das tolle Spiel von vorne beginnen.

Nach einigen Wiederholungen kannst du nun
noch ein Signalwort hinzufügen, wie z. B. das Wort
„Bring". So verknüpft dein Hund das Apportieren
mit diesem Wort und wird später immer dann,
wenn du dieses Signal verwendest, loslaufen und
den zuvor geworfenen Gegenstand bringen.

LASS DEINER KREATIVITÄT FREIEN LAUF

Bringt dein Hund ohne Zögern Gegenstände zu dir
zurück, kannst du die Übungen auch schwieriger
gestalten. Gib deinem Hund z. B. das Signal „Bleib"
und entferne dich mit dem Gegenstand einige
Schritte von ihm. Nun lässt du den Gegenstand fallen bzw. wirfst ihn ein kleines Stück. Danach gehst
du zu deinem Hund zurück und belohnst ihn mit
einem Futterstück dafür, dass er sitzen geblieben
ist. Jetzt schickst du ihn z. B. mit dem Signal „Bring"
und einem Handzeichen in Richtung des Gegenstandes. Die Übung kann jetzt immer schwieriger
werden, du kannst z. B. immer weiter und dynamischer werfen, was für deinen Hund mit Sicherheit
eine große Herausforderung ist. Wenn diese Übung
gut klappt, kannst du auch noch eine weitere Übung
mit einbauen. Du kannst deinen Hund z. B. mit dem
Signal „Hier" erst einmal zu dir rufen, bevor du ihn
dann zum Gegenstand schickst. Vielleicht soll er
aber auch erst einmal das Signal „Platz" bzw. „Down"
ausführen oder aber ein, zwei Tricks machen, die du
ihm in einem früheren Training beigebracht hast?
Sei einfach kreativ, Hunde lieben es, wenn Spiele
immer neu gestaltet werden.

*Mischlingshündin Luzi wartet brav, bis Marie das
Dummy ausgeworfen hat. Danach kommt sie auf
Signal erst zu Marie, bevor sie zum Dummy läuft
und dieses zu Marie zurückbringt.*

TRICKS FÜR KIDS

Viele Hunde haben Spaß daran, immer wieder neue Tricks zu lernen. Pfötchen geben, Verbeugung, Sich-Totstellen, es gibt unendlich viele Möglich-keiten für dich und deinen Hund. Verlange jedoch nichts „Unmögliches" von deinem Hund, die Tricks müssen ihm Spaß machen und er muss sie auch verstehen lernen. Sei daher bitte sehr geduldig mit deinem Hund.

PFÖTCHEN GEBEN

Bei diesem Trick soll dein Hund lernen, auf dein Signal hin seine Pfote in deine Hand zu legen. Dazu nimmst du einfach erst einmal ein Futterstück in deine Hand, während dein Hund dir dabei zuschaut. Nun lässt du deinen Hund vor dir sitzen und hältst ihm das Futterstück in deiner geschlossenen Hand vor die Nase. Dein Hund wird nun vermutlich ver-suchen, an das Futter zu kommen, indem er mit der Nase an deine Hand stupst. Ignoriere deinen Hund in diesem Fall einfach und warte darauf, dass er seine Pfote einsetzt. In dem Augenblick, indem er die Pfote hebt und versucht, mit dieser an das Futter zu gelangen, belohnst du ihn, indem du ihn lobst, die Hand öffnest und ihm das Futter gibst.

Wiederhole die Übung mehrfach, nach einiger Zeit sagst du in dem Augenblick, in dem dein Hund die Pfote hebt z. B. das Signal „Gib Pfötchen". Du kannst als Signal natürlich auch andere Worte auswählen, wie z. B. „Guten Tag". Wichtig ist, dass das Signal immer das gleiche für diese Übung ist!

Im nächsten Schritt legst du nun kein Lecker-chen mehr in die Hand, die Hand ist aber immer noch zur Faust geschlossen. Die Belohnung bewahrst du einfach gut erreichbar z. B. in deiner Hosentasche auf. Hebt dein Hund nun erneut die Pfote an deine Hand, erhält er die Belohnung mit der anderen Hand aus deiner Hosentasche. Im letzten Trainingsschritt ist die Hand nun nicht mehr als Faust geschlossen, sondern offen, sodass dein Hund seine Pfote richtig in deine Hand hinein-legen kann.

VERBEUGUNG

Hat dein Hund gelernt, sich zu verbeugen, kannst du diesen Trick gut am Ende einer kleinen Vor-führung einbauen! Um deinem Hund diesen Trick beizubringen, stellst du dich am besten vor ihn hin. Dein Hund sollte auch stehen und nicht sitzen. Falls sich dein Hund hingesetzt hat, gehst du ein-fach erst einmal ein, zwei Schritte rückwärts und

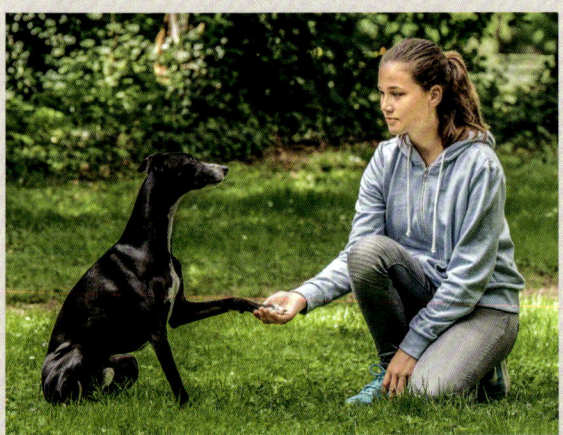

Pfötchen geben lernt jeder Hund schnell. Whippet-Rüde Desmond beherrscht den Trick perfekt.

Die Verbeugung ist ein schwieriger Trick, den der Boxer-Rüde Carlino jedoch zuverlässig ausführt.

sprichst deinen Hund an. Um dir zu folgen, muss er aufstehen und du kannst jetzt das Training beginnen. Nimm nun ein Futterstück in eine Hand und halte diese verschlossene Hand deinem Hund vor die Nase. Jetzt führst du die Futterhand langsam senkrecht von der Nase deines Hundes nach unten weg. Dein Hund wird der Hand mit dem Futter zunächst nur mit dem Kopf folgen. Jetzt heißt es genau aufpassen! In dem Augenblick, in dem dein Hund seine Vorderbeine absenkt, belohnst du ihn mit einem Lobwort wie „Prima" und dem Futter. Warte dabei anfangs noch nicht so lange, bis die Vorderbeine vollständig auf dem Boden liegen, da dein Hund kurz danach auch die Hinterbeine absenken wird. In dem Fall würdest du ihm das Abliegen beibringen. Schritt für Schritt soll dein Hund nun immer tiefer mit den Vorderbeinen nach unten gehen und dann auch immer länger in dieser Position, also mit abgesenkten Vorderbeinen und erhobenem Po, bleiben, bevor er das Futter bekommt. Jetzt musst du nur noch ein neues Signalwort, wie z. B. „Danke" oder „Verbeugung", hinzufügen, und der Trick ist perfekt.

„Toter Hund" ist eine Übung für fortgeschrittene Teams. Man braucht dafür sehr viel Geduld.

SICH-TOTSTELLEN / TOTER HUND

Beim Signal „Toter Hund" soll sich dein Hund auf die Seite legen und in dieser Stellung regungslos verharren. Als Signal eignet sich für diesen Trick das Wort „Peng". Damit dein Hund diesen Trick lernt, sollte er sich bereits auf ein Signal von dir, wie z. B. „Platz" oder „Down" (siehe S. 63), hinlegen. Beim Signal „Platz" legt sich der Hund aber mit dem aufgerichteten Körper hin. Er muss nun also noch lernen, den Körper und den Kopf seitlich abzulegen. Du nimmst dazu ein Futterstück in die Hand und führst es von der Nase des Hundes her in Richtung seiner Schulter. Wenn dein Hund sich auf die linke Seite hinlegen soll, musst du das Futterstück in Richtung der rechten Schulter führen, soll er sich auf die rechte Seite legen, führst du es in Richtung der linken Schulter. Dein Hund wird nun versuchen, dem Futterstück zu folgen, dazu muss er sich eindrehen. Halte das Futterstück aber nicht zu hoch, da dein Hund sonst vermutlich aufstehen wird, um an das Futter zu gelangen. Dein Hund soll bei diesem Training also die ganze Zeit liegen bleiben. In dem Augenblick, in dem dein Hund sich zur Seite wegdreht, gibst du ihm zur Belohnung das Futter. Schritt für Schritt wartest du nun immer länger, bevor du deinem Hund das Futter gibst. Dein Hund muss also eine immer längere Zeit in der seitlich liegenden Position verharren. Nun fügst du noch dein Signal, wie z. B. „Peng", hinzu, damit dein Hund den Trick mit dem neuen Signal verknüpft.

Wenn du das Futter nicht mehr zum Locken brauchst, wird dein Hund automatisch auch den Kopf nicht mehr nach hinten drehen und ihn somit automatisch ablegen, je länger er die seitlich liegende Stellung einhalten soll. Belohne deinen Hund dann nur noch, wenn er für längere Zeit seitlich und mit ruhig abgelegtem Kopf abliegt.

Ohne zu zögern springt Ginger durch den mit Seidenpapier beklebten Hula-Hoop-Reifen. Diesen Trick zeigt Til gern auf Familienfesten.

SPRUNG DURCH REIFEN / MIT SEIDENPAPIER

Ein toller Trick, der deine Freunde und deine Familie in Erstaunen versetzen wird, ist der Sprung deines Hundes durch einen mit Seidenpapier beklebten Reifen. Als Zubehör brauchst du dazu einen Hula-Hoop-Reifen und einige Bögen Seidenpapier. Im ersten Schritt muss dein Hund nun lernen, durch den Reifen zu springen. Das Seidenpapier benötigst du erst für das Training danach. Halte den Reifen anfangs auf den Boden und lass deinen Hund davor sitzen. Mit einem Futterstück lockst du ihn nun durch den Reifen. Schritt für Schritt kannst du den Reifen jetzt immer ein Stück höher halten, bis dein Hund richtig durch den Reifen springt. Achte darauf, dass der Boden nicht glatt ist, damit dein Hund beim Sprung durch den Reifen nicht wegrutscht und sich dabei erschreckt oder verletzt. Jetzt muss dein Hund noch lernen, durch den mit Seidenpapier beklebten Reifen zu springen. Dazu befestigst du die Seidenpapierbögen anfangs nur am oberen Reifenrand. Das Papier sollte zu Beginn auch in einzelne Streifen zerteilt sein, die dein Hund nur zur Seite schieben muss. Jetzt lockst du deinen Hund wieder durch den Reifen hindurch. Zögert er bei dieser Übung nicht, kannst du im nächsten Schritt das Seidenpapier auch am unteren Reifenrand befestigen. Nun muss dein Hund sich schon richtig durch die Papierstreifen zwängen. Achtung, diese werden dabei natürlich zerreißen, du musst den Reifen für die nächste Übung also neu vorbereiten. Im weiteren Training machst du die Papierstreifen immer breiter, bis der Reifen letztlich mit einer ganzen Papierfläche beklebt ist und dein Hund einen Sprung durch den mit Seidenpapier geschlossenen Reifen macht. Seidenpapier eignet sich übrigens am besten, da es schnell zerreißt!

AGILITY – PARCOURSSPASS MIT HUND

Beim Agility muss dein Hund Sprünge absolvieren und über Hindernisse klettern, weshalb sich die folgenden Übungen nur für erwachsene, gesunde Hunde eignen. Deine Eltern sollten deshalb vorab den Gesundheitszustand eures Hundes mit dem Tierarzt abklären.

In Hundeschulen werden auch Agilitykurse für Kinder/Jugendliche angeboten. Erkundige dich einfach einmal in eurer Hundeschule. Du kannst aber auch in eurem Garten einen kleinen Agility-parcours zusammen mit deinen Eltern aufbauen. Achtet darauf, dass z. B. die Stangen der Hürden immer locker aufliegen, sodass sie herunterfallen, falls dein Hund sich einmal in der Höhe verschätzt. Zudem sollte dein Hund beim Agilitytraining weder Geschirr noch Halsband tragen, denn damit könnte er leicht irgendwo hängenbleiben.

ÜBER DIE HÜRDE SPRINGEN

Hürden kannst du mit einfachen Mitteln selbst bauen. Gerade für kleine Hunde eignen sich z. B. umgedrehte Blumenkästen. Wenn du nun noch zwei Besenstiele rechts und links vom Blumenkasten in die Erde steckst, kann dein Hund den Sprung durch die seitliche Begrenzung auch von weitem besser erkennen. Alternativ kannst du auch einen Besenstiel als Sprungstange sowie Weidezaun-pfähle als seitliche Begrenzungsstangen verwenden. Diese sind unten bereits mit einem Metallstift versehen, sodass man sie gut in den Boden stecken kann. Die eigentlich für den Weidezaun vorge-sehenen halb offenen Ösen kannst du zusammen mit deinen Eltern mit einem Fön erhitzen und dann aufbiegen, sodass sie eine perfekte Auflage für die Sprungstange ergeben.

Beginne das Sprungtraining immer erst mit sehr niedrig aufgelegten Stangen. Setze deinen Hund vor einer Hürde ab, stelle dich auf die andere Seite des Sprungs und locke ihn zu dir. Du kannst dabei einfach ein Spielzeug oder Futterstück in der Hand über die Hürde halten und deinen Hund damit moti-vieren, zu dir zu kommen. Achte darauf, dass dein Hund nicht zu nah vor der Sprungstange sitzt, da er sonst die Stange reißen wird.

Im nächsten Schritt kannst du dich neben deinen Hund stellen. Führe ihn mit der Hand über das Hindernis und laufe neben deinem Hund her. Nach dem Sprung erhält er dann immer eine Belohnung. Als Hörzeichen eignet sich z. B. das Signal „Hopp". Immer wenn dein Hund nun also über eine Hürde springt, sagst du gleichzeitig das neue Signal „Hopp". So lernt er später die einzelnen Geräte im Agility auch auf Hörzeichen zu unterscheiden. Wenn dein Hund ohne die Stange zu reißen über eine Hürde springt, kannst du jetzt auch zwei, drei oder mehr Hürden hintereinander aufbauen und so bereits einen kleinen Parcours gemeinsam mit ihm absolvieren. Gesunde, erwachsene Hunde dürfen dann auch über höher liegende Stangen springen. Allerdings solltest du die Sprunghöhe immer nur schrittweise erhöhen. Die Sprunghöhe bei kleinen und mittelgroßen Hunden sollte jedoch maximal der Schulterhöhe deines Hundes entsprechen, bei großen Hunden, also bei Hunden über 43 cm Schulterhöhe, beträgt die Sprunghöhe auf einem Agility-Turnier maximal 65 cm.

Whippet Desmond hat Spaß an einem Parcours mit unterschiedlichen Geräten.

*Zu Beginn des Trainings wird der Reifen tief auf-
gehängt, damit der Hund nicht hängen bleibt.*

DURCH DEN REIFEN SPRINGEN

Beim Agilitytraining gibt es auch einen Reifen,
durch den der Hund springen muss. Du kannst
für das Training im Garten z. B. einen Hula-Hoop-
Reifen benutzen, den du zwischen zwei Besen-
stielen befestigst, die du in den Boden steckst.
Für die Befestigung des Reifens an den seitlichen
Stielen kannst du z. B. einfach Klettband an Stiel
und Reifen verwenden. So bleibt dein Hund auch
nicht im Reifen hängen, wenn er doch einmal zu
niedrig springt und den Reifen mit den Beinen
berührt, da der Reifen dann – so wie eine Sprungstange – einfach herunterfällt.

Das Training am Reifen beginnst du ähnlich
wie das Sprungtraining. Du setzt deinen Hund vor

dem Reifen ab, stellst dich ihm gegenüber hinter
den Reifen und rufst ihn durch den Reifen hindurch. Dabei kannst du wieder ein Spielzeug oder
Futterstück in eine Hand nehmen und deinen
Hund damit zu dir locken, indem du die Hand
durch den Reifen hältst und zurückziehst, wenn
dein Hund durch den Reifen springt. Später stellst
du dich dann seitlich neben deinen Hund und
führst ihn durch den Reifen durch. Als Hörzeichen
für den Reifen eignet sich z. B. das Signal „Durch".
Immer wenn dein Hund durch den Reifen springt,
sagst du das neue Signal „Durch", sodass dein
Hund dieses mit dem Durchspringen des Reifens
verknüpfen kann.

DURCH DEN TUNNEL FLITZEN

Für kleine Hunde eignet sich als Tunnel ein Spiel-
tunnel, wie es sie z. B. für Kinder im Spielzeugladen
zu kaufen gibt. Wenn dein Hund dafür zu groß ist,
kannst du im Hundezubehörladen auch einen einfachen Tunnel aus Nylon kaufen. Diese sind für
das Training im Garten ideal. Alternativ kannst du
auch einen Tunnel aus einem Pappkarton basteln.
Schneide dazu einfach jeweils in den Deckel sowie
den Boden des Kartons ein Loch, durch das dein
Hund gut hindurchpasst. Allerdings eignet sich ein
solcher Tunnel meist nur für das Training im Haus,
da er bei nassem Wetter bzw. feuchter Wiese
schnell kaputt geht.

Damit dein Hund lernt, durch den Tunnel zu
laufen, schiebst du den Tunnel anfangs so weit wie
möglich zusammen. Bitte dann einen Freund oder
deine Eltern darum, dir beim Training zu helfen.
Dein Helfer hält deinen Hund am einen Ende des
Tunnels, während du selbst dich zur anderen Seite
begibst. Hocke dich nun auf den Boden, schaue
durch den Tunnel und in dem Augenblick, in dem
dein Hund dich durch den Tunnel anschaut, rufst
du ihn. Du kannst auch hierbei wieder ein Spielzeug oder Futterstück in die Hand nehmen und
deinen Hund damit durch den Tunnel locken, indem
du deine Hand ein wenig in den Tunnel hinein-
hältst. Schritt für Schritt wird der Tunnel nun auf

Viele Hunde kennen einen Tunnel noch aus der Welpenzeit beim Züchter oder aus dem Training in der Hundeschule und lernen dieses Gerät beim Agility daher sehr schnell.

die gesamte Länge ausgezogen, bis dein Hund durch den ganz ausgezogenen Tunnel läuft. Du kannst nun auch wieder ein neues Signal hinzufügen, wie z. B. das Signal „Tunnel". So lernt dein Hund, dass er durch den Tunnel laufen soll, wenn du ihm dieses Signal gibst. Jetzt wechseln dein Helfer und du die Position. Du stellst dich zu deinem Hund, dein Helfer geht an das andere Ende des Tunnels. Schicke deinen Hund mit dem Signal „Tunnel" durch den Tunnel hindurch. Zögert er, kann dein Helfer an der anderen Tunnelseite deinen Hund noch einmal rufen und locken.

Vorsicht, du solltest jetzt kein Futter mehr in der Hand halten, die an der Seite deines Hundes ist und in den Tunnel zeigt. Dein Hund würde ansons-

ten dem Futter folgen und dabei zwar kurz mit der Nase Richtung Tunnel gehen, dann aber auch wieder aus dem Tunnel herauskommen. Das Futter oder Spielzeug zur Belohnung solltest du daher in der anderen Hand halten. Wenn dein Hund auf dein Signal hin in den Tunnel läuft, rennst du sofort so schnell wie möglich ebenfalls neben dem Tunnel entlang zum Tunnelausgang. Dort angekommen, wirfst du deinem Hund zur Belohnung das Spielzeug oder gibst ihm das Futter. Das Locken des Helfers wird nun immer weiter abgebaut, bis dein Hund allein auf dein Signal hin durch den Tunnel läuft. Nun kannst du auch alleine mit deinem Hund am Tunnel trainieren und diesen z. B. in Kombination mit ein paar Hürden aufbauen.

SLALOM LAUFEN

Einen Slalom kannst du sehr einfach aus Weide-zaunpfählen bauen. Die einzelnen Stangen (maximal 12) werden im Abstand von etwa 60 cm in den Boden gesteckt. Achte darauf, dass die Stangen wirklich in einer geraden Linie und immer im gleichen Abstand im Boden stecken, da dein Hund sonst keinen Rhythmus finden kann.

Du kannst dir für den optimalen Aufbau auch ein einfaches Hilfsmittel aus einer Schnur und zwei Heringen herstellen. Befestige die beiden Enden einer ausreichend langen Schnur jeweils an einem Hering. Im Abstand von 60 cm machst du nun immer einen Knoten oder eine Markierung durch Klebeband in die Schnur. Stecke die beiden Heringe in den Boden, sodass die Schnur gespannt ist. Jetzt kannst du einfach entlang der Schnur immer an einer Markierung eine Slalomstange in den Boden stecken.

Für das Slalomtraining baust du den Slalom allerdings anfangs so auf, dass die Stangen schräg im Boden stecken. Die Stangen werden dabei abwechselnd nach links oder rechts schräg abgekippt, sodass ein V entsteht, durch dessen Mitte der Hund laufen soll. Auf dem Agility-Turnier muss dein Hund immer so durch den Slalom laufen, dass die erste Stange an seiner linken Schulter ist. Daher solltest

du die erste Stange immer nach links abkippen. Anfangs sind die Stangen beim Training sehr weit Richtung Boden abgekippt, im Laufe des Trainings werden sie immer weiter aufgestellt, bis sie senkrecht im Boden stehen.

Setze deinen Hund nun an die erste Stange mittig vor dem V-Slalom ab. Stelle dich auf die andere Seite des Slaloms und rufe deinen Hund durch den Slalom zu dir. Du kannst ihn dabei auch wieder mit einem Spielzeug oder Futterstück in der Hand zu dir locken. Falls dein Hund noch nicht durch den ganzen Slalom läuft, kannst du auch erst einmal weniger Stangen aufbauen! Läuft dein Hund durch alle Stangen hindurch, fügst du ein neues Hörzeichen, wie z. B. das Signal „Slalom", hinzu. So lernt dein Hund, dieses Hörzeichen mit dem Durchlaufen des Slaloms zu verknüpfen.

Im nächsten Schritt stellst du dich neben deinen Hund an den Anfang des Slaloms. Auf dein Signal hin läufst du dann neben deinem Hund und dem Slalom her zum anderen Ende des Slaloms. Achte dabei wie beim Tunnel darauf, dass du das Spielzeug oder Futter zur Belohnung deines Hundes nicht in der Hand direkt an der Seite deines Hundes hältst. Hat dein Hund den Slalom gut durchlaufen, wirfst du ihm zur Belohnung das Spielzeug oder Futter.

Damit dein Hund lernt, durch den Slalom zu laufen, werden die Stangen schräg in den Boden gesteckt.

Desmond ist ein Agility-Profi und beherrscht den Stangenslalom bereits perfekt.

Spiele, die sich nicht für Kinder eignen

Nicht alle Beschäftigungsformen eignen sich für das gemeinsame Spiel von Kind und Hund. Immer dann, wenn es darum geht, Kräfte zu messen, um Beute zu streiten und in Konkurrenz zueinander zu treten, sollten Kind und Hund auf diese Beschäftigungsform besser verzichten. Denn ein Kind wird dabei letztendlich immer der Verlierer sein, Hunde sind nun einmal in der Regel stärker und schneller als Kinder. Aber auch wenn das z. B. bei einem sehr kleinen oder alten Hund nicht mehr der Fall ist, so haben Hunde doch immer noch ihre Zähne. Merkt der Hund, dass er unterlegen ist, nimmt das Kind aber nicht wirklich ernst, kann es schnell passieren, dass aus Spiel Ernst wird und ein Hund korrigierend schnappt oder beißt. Dazu sollte es aber gar nicht erst kommen!

wenn die gegnerische Seite bereits am Boden liegt, es wird gezogen, solange, bis der Gegner über die Linie geschleift wurde.

Beim Hund sehen Zerrspiele im Grunde genommen nicht anders aus. Man streitet darum, wer eine Beute für sich beansprucht, wer sie behalten darf. Da wird mit aller Kraft zugepackt, das Maul fest verschlossen und geruckt und gezogen, unter Einsatz aller Kräfte. Schnell fährt ein Hund bei einem solchen Spiel hoch und packt noch einmal richtig zu, greift so viel vom Spielzeug wie möglich, auch wenn die kleine Kinderhand dazwischen ist. Natürlich hatte der Hund dann keine Verletzungsabsicht, dennoch kann es schnell zu einer Bissverletzung kommen. Viele Hunde können die körperlichen Möglichkeiten von Kindern nicht richtig

ZERRSPIELE –
EIN EINZIGES KRÄFTEMESSEN

Zerrspiele kennen wir unter dem Namen „Tauziehen". Zwei oder mehr Menschen halten die beiden Enden eines Seils und ziehen mit aller Kraft daran. Ziel ist es, den oder die Menschen am anderen Ende eine möglichst weite Strecke bis über eine Linie zu ziehen. Nicht selten endet aber das Tauziehen damit, dass Menschen zu Fall kommen, sich vielleicht sogar verletzen. Denn der Ehrgeiz mancher ist schnell geweckt. Da wird dann besonders stark auf einmal geruckt, sodass der andere aus dem Gleichgewicht und zu Fall gebracht wird. Und auch

Mischlingshündin Tink hat viel Spaß am Zerrspiel mit Melle. Sie lässt aber auch auf „Schluss" sofort los.

einschätzen. Sie spielen einfach genauso wie mit einem Erwachsenen, sodass ein kleineres Kind schnell umfällt.

Wenn Sie daher bemerken, dass Ihr Hund z. B. beim Apportieren bei der Rückgabe des Gegenstandes ein Zerrspiel mit Ihrem Kind herausfordert, beenden Sie dieses Spiel mit dem Signal „Schluss" (siehe S. 21). Hat sich Ihr Hund etwas beruhigt, darf das Apportierspiel natürlich gern weitergehen. Ihr Kind muss zudem lernen, einen Gegenstand, an dem Ihr Hund zieht, sofort loszulassen und den Hund kurz zu ignorieren. Üben Sie dies gemeinsam mit Ihrem Kind. Ein Spiel, bei dem man keinen Erfolg hat, wird auf Dauer langweilig. Ihr Hund lernt so, dass es sinnvoller ist, den Gegenstand einfach direkt abzugeben, da so das lustige Apportierspiel fortgesetzt wird.

RAUF- UND KAMPFSPIELE

Auch Rauf- und Kampfspiele sind zwischen Kind und Hund nicht erlaubt. Sowohl Kind als auch Hund übertreiben dabei gern, das Spiel wird immer wilder und beide Parteien puschen sich gegenseitig hoch. Schnell packt der Hund dabei dann einmal zu fest zu oder verletzt das Kind bei wilden Sprüngen mit seinen Krallen.

Ein gemeinsames Kuscheln ist aber natürlich immer gestattet. Achten Sie dabei darauf, dass Ihr Kind den Hund nicht bedrängt. Zeigt er beschwichtigende Signale (siehe S. 79), müssen Sie die gemeinsame Kuschelzeit beenden. Bei einem kleinen Kind können Sie auch gemeinsam mit Kind und Hund kuscheln. So lernt Ihr Kind durch Beobachtung von Ihnen, was Ihr Hund gern mag.

FANGEN SPIELEN

Hinterherlaufen und Fangen spielen sollte man zwischen Kind und Hund ebenso nicht zulassen. Ein Hund wird in der Regel immer schneller sein als ein Kind. Daher sollten Sie Ihrem Hund generell untersagen, Kindern hinterherzulaufen und diese zu jagen. Schnell hat der Hund das Kind eingeholt, springt es aus Übermut vielleicht an und bringt es zu Fall. Kommt nun noch ein, wenn auch spielerisches Beutepacken hinzu, ist es spätestens jetzt beim Kind mit dem Spielvergnügen vorbei. Haben Sie Kind und Hund daher beim gemeinsamen Spiel immer im Blick. Wenn Sie sehen, dass Ihr Hund Ihrem Kind hinterherjagt, beenden Sie das Spiel für einen kurzen Augenblick, indem Sie Ihren Hund abrufen oder das Spiel mit dem Signal „Schluss" (siehe S. 21) kurz für beide unterbrechen.

Haben sich die Gemüter beider Spielparteien wieder beruhigt, darf das gemeinsame Spiel natürlich weitergehen.

Grundsätzlich besteht beim Hund, der im gemeinsamen Spiel dem Kind der Familie hinterherlaufen darf, auch die Gefahr, dass dieser auch fremden Kindern hinterherlaufen wird. So kann es passieren, dass Ihr Hund auf dem Spaziergang ein weglaufendes Kind sieht und dieser Reiz ihn zum Hinterherlaufen animiert. Ein fremdes Kind wird nun aber schnell in Panik geraten und vor lauter Angst vielleicht anfangen, wild um sich zu schlagen oder laut zu schreien. Dies wird beim Hund unter Umständen ein noch größeres Interesse hervorrufen, da er die Reaktionen des Kindes als wildes Tobespiel auffasst. Vielleicht fühlt er sich aber auch durch die abwehrende Reaktion des Kindes bedrängt und schnappt aus einer Verteidigungsreaktion heraus zu. Beide Reaktionen des Hundes sind in Bezug auf das Kind natürlich absolut unerwünscht und müssen vermieden werden. Bringen Sie Ihrem Hund daher von Anfang an bei, dass er rennende Kinder ignoriert. Ein Impuls-Kontrolltraining hilft Ihrem Hund, Reize auszuhalten und sich dabei zu entspannen (siehe S. 73 ff.). Kinder sollten zudem grundsätzlich lernen, wie sie sich verhalten, wenn ein Hund hinter ihnen herläuft. Erklären Sie Kindern, dass der Hund zum Hoch-

Kinder müssen lernen, stehen zu bleiben und die Arme nicht hochzureißen, wenn ein Hund sie aus dem Spiel heraus anspringt. Je mehr sie den Hund ignorieren, desto eher wird der Hund das Interesse am Kind verlieren.

springen animiert wird, wenn diese die Arme hochreißen. Das Kind sollte vielmehr in diesem Augenblick so ruhig wie möglich stehen bleiben, die Arme an den Körper anlegen, sich leicht vom Hund wegdrehen und diesen nicht anstarren.

Sie sollten jedoch auch nicht zulassen, dass Ihr Kind Ihrem Hund hinterherläuft. Dies erfolgt meist in Situationen, in denen der Hund keine Lust auf ein Spiel mit dem Kind hat, dieses ignoriert und sich ihm durch Weglaufen entzieht. Wenn das Kind Ihren Hund nun aber weiter verfolgt und damit nervt, kann es sein, dass der Hund das Kind irgendwann korrigiert, da dieses scheinbar nicht anders versteht, was der Hund ihm sagen möchte. Handeln Sie daher vorher und rufen Sie Ihr Kind zu sich. Erklären Sie ihm, dass Ihr Hund jetzt gerade etwas anderes machen möchte, dass er eine Pause braucht und das Kind ihn in Ruhe lassen muss. Wenn Sie Ihrem Kind nun noch eine Alternative, wie z. B. ein Brettspiel mit Ihnen selbst, anbieten, wird die Enttäuschung darüber, dass der Hund gerade keine Lust auf ein Spiel hatte, schnell vergessen sein.

Service

Hier erhalten Sie wichtige Adressen, erfahren mehr über die Autoren und werden über weitere Ratgeber von Martin Rütter informiert.

Nützliche Adressen

Martin Rütter DOGS
Die Hundeschulen für Menschen
E-Mail: info@martinruetter.com
Internet: www.martinruetter.com

Hundeverbände

Fédération Cynologique Internationale (FCI)
Place Albert 1er, 13
B – 6530 THUIN
Telefon: +32 (0) 71 59 12 38
Telefax: +32 (0) 71 59 22 29
E-Mail: info@fci.be
Internet: www.fci.be

Verband für das Deutsche Hundewesen (VDH) e. V.
Westfalendamm 174
D – 44141 Dortmund
Telefon: +49 (0) 231 565 00-0
Telefax: +49 (0) 231 592 440
E-Mail: info@vdh.de
Internet: www.vdh.de

Österreichischer Kynologenverband (ÖKV)
Siegried Markus Straße 7
A – 2362 Biedermannsdorf
Telefon: +43 (0) 2236 710 667
Telefax: +43 (0) 2236 710 667 30
E-Mail: office@oekv.at
Internet: www.oekv.at

Schweizerische Kynologische Gesellschaft SKG
Brunnmattstraße 24
Postfach 8276
CH – 3001 Bern
Telefon: +41 (0) 31 306 62 62
Telefax: +41 (0) 31 306 62 60
E-Mail: info@skg.ch
Internet: www.skg.ch

Martin Rütter DOGS

DOGS ist eine einzigartige Trainingsphilosophie zur Ausbildung von Mensch und Hund.

DOGS ist…

Individuell – Das Training wird auf das jeweilige Mensch-Hund-Team abgestimmt, Mensch und Hund zählen dabei gleichermaßen. Es werden keine pauschalen Trainingslehren angewandt und das Training passiert dort, wo auch das Leben mit Hund stattfindet: Zuhause, auf der Hundewiese, in der Stadt oder im Büro, und das ein Hundeleben lang – also angepasst an jeden Lebensabschnitt des Hundes.

Partnerschaftlich – Erziehung erfordert Beziehung, daher steht das Zusammenleben mit dem Hund im Vordergrund.

Wissen – Eine Beziehung kann nur funktionieren, wenn man einander versteht. DOGS vermittelt daher den Menschen das richtige Verständnis für die Sprache und Bedürfnisse des Hundes.

Verständlich – Wissen muss verständlich vermittelt werden. Bei DOGS werden Erkenntnisse und Fachwissen unkompliziert auf den Punkt gebracht.

Erfolgreich – Nicht nur das Trainingsergebnis ist in der Regel ein nachhaltiger Erfolg, auch die Bekanntheit der Marke ist durch die Präsenz von Martin Rütter und „Der Hundeprofi" mit hohem Ansehen verbunden.

Natürlich – DOGS ist alltagsnah und passt zum Leben; sowohl zum Leben des Menschen als auch des Hundes, Training nach DOGS ist hundegerecht.

Freude – DOGS öffnet Mensch und Hund die Tür zu noch mehr Freude aneinander und gemeinsamem Spaß am Training.

Ziel von DOGS ist ein harmonisches Mensch-Hund-Team. Ein Team, in dem sich beide Partner aufeinander verlassen können und sich gegenseitig vertrauen. Unsere DOGS Coachs unterstützen Sie gerne auf diesem Weg.

Das Angebot umfasst individuelles Einzeltraining, Gruppentraining, Kurse, Seminare u.v.m.

Die DOGS Hundeschule in Ihrer Nähe freut sich auf Sie und Ihren Hund!

www.**martinruetter**.com

Die Autoren

Martin Rütter gründete 1995 sein „Zentrum für Menschen mit Hund", in dem er nach neuesten wissenschaftlichen Kenntnissen aus der Verhaltensforschung seine Trainingsphilosophie DOGS aufbaute und diese bis heute weiterentwickelt. Mittlerweile gibt es in ganz Deutschland, Österreich, Südtirol und in der Schweiz Hundeschulen, die nach DOGS arbeiten und in denen vor allem der Mensch im Vordergrund steht und mit seinen Problemen ernst genommen wird. Immer mehr Mensch-Hund-Teams profitieren von diesem Angebot. Doch auch das Entertainment hat es Martin Rütter angetan, und es ist ein großes Erlebnis, ihn live auf seinen Tourneen zu erleben. Zudem setzt er sich in den Medien für eine bessere Mensch-Hund-Beziehung ein. In seinen TV-Sendungen „Der Hundeprofi" und „Der VIP-Hundeprofi" hilft Deutschlands beliebtester Hundeexperte auch in schwierigen Fällen.

Andrea Buisman lebt in Zülpich bei Köln mit fünf Labrador Retrievern, mit denen sie aktiv die verschiedensten Beschäftigungsformen für Mensch und Hund ausübt. Hierzu zählen z. B. Agility, Apportiertraining, Jagdliches Training und Zughundesport. Sie ist seit 2003 im Team von Martin Rütter. Abgesehen von ihren Spezialgebieten „Mehrhundehaltung" und „Jagdverhalten" ist sie gefragte Referentin für Trainerfortbildungen zu Themen wie „Welpen" oder „Aggression bei Hunden". Sie bildet angehende DOGS Coachs aus und ist für die fachliche Betreuung des Netzwerkes der DOGS Hundeschulen zuständig. Andrea Buisman züchtet zudem Labrador Retriever im Deutschen Retriever Club unter dem Zwingernamen „Speed'n Style".

Lernen Sie
——— vom Hundeprofi

Welpentraining mit Martin Rütter

Auch als E-Book

160 Seiten, ca. €(D) 19,99

Klein und tapsig purzeln Welpen in ihre neuen Familien und stellen deren Alltag auf den Kopf. Tischbeine werden angenagt und Besuch angesprungen. Hundeprofi Martin Rütter zeigt, was Welpen in den ersten Wochen lernen sollten – von der Stubenreinheit über das Alleinbleiben, Entdeckungstouren in die Natur und die Stadt bis hin zu den Grundsignalen wie Fuß, Hier, Sitz und Platz. Durch positives Lernen, klare Regeln und viel Geduld wird so aus einem kleinen Hund ein angenehmer Begleiter.

Ob Besuch-Anspringen, An-der-Leine-Ziehen oder auf dem Spaziergang alles fressen, auch Giftköder – die Probleme im Hundealltag sind so vielfältig wie die Vierbeiner und ihre Halter. „Hundeprofi" Martin Rütter weiß, wie belastend unerwünschtes Verhalten für die Mensch-Hund-Beziehung sein kann. Seine Trainingsanleitungen sind leicht nachvollziehbar und zeigen, wie man in kleinen Schritten Verhalten ändern oder sich besser darauf einstellen kann.

Problem —gelöst! mit Martin Rütter

UNERWÜNSCHTES VERHALTEN BEIM HUND

Auch als E-Book

160 Seiten, ca. €(D) 19,99

Hunde beschäftigen
— mit —
Martin Rütter

SPIELE FÜR JEDES MENSCH-HUND-TEAM

«Glückliche und zufriedene Hunde brauchen körperliche und geistige Beschäftigung.»

Auch als E-Book

160 Seiten, ca. €(D) 19,95

Hier ist für jede Rasse und jeden Charakter etwas dabei. Beute-, Schnüffel-, Bewegungs- und Denkspiele bieten unendliche Möglichkeiten für Beschäftigung auf dem Spaziergang oder zu Hause. Der Hundeprofi gibt Tipps, wie man die Motivation weckt, das Training aufbaut und Belohnungen einsetzt. Auch mögliche Gefahren kommen nicht zu kurz. So macht das Spiel im Mensch-Hund-Team nicht nur Spaß, es fördert gleichzeitig auch die Bindung und macht beide Partner glücklich.

Sind Hunde immer freundlich, wenn sie wedeln? Gähnt der Hund, weil er müde ist? Warum verbeugen sich Hunde vor Artgenossen? Mit dem Sprachkurs Hund können Sie das Hundeverhalten Schritt für Schritt verstehen: Vom Einsatz der Körpersprache über die Mimik bis hin zu Lautäußerungen zeigt Martin Rütter alle Facetten der Kommunikation und schafft es, das Bewusstsein für die eigene Ausdrucksweise zu wecken und den Blick für die Signale der Hunde zu schärfen.

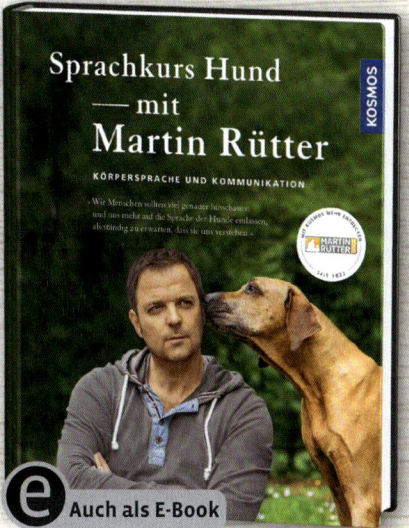

Sprachkurs Hund
— mit —
Martin Rütter

KÖRPERSPRACHE UND KOMMUNIKATION

«Wir Menschen sollten viel genauer hinschauen und uns mehr auf die Sprache der Hunde einlassen, als ständig zu erwarten, dass sie uns verstehen.»

Auch als E-Book

160 Seiten, ca. €(D) 19,99

Register

MARTIN RÜTTER LIVE

FREISPRUCH!

NAME EMMA
B4#G819/-09#876
HT 1'8"   WT 56

„FREISPRUCH!" DIE NEUE LIVE-TOUR

Hier kommt der einzig wahre „Anwalt der Hunde". In seinem neuen Live-Programm „FREISPRUCH!" hält Martin Rütter ein bellendes Plädoyer für die Beziehung von Herrchen und Hasso. Er räumt mit dem Mythos des notorischen Problemvierbeiners ein für alle Mal auf. Denn was wir alle längst wissen, aber kaum zu denken wagen, bringt der Hundeprofi Nummer 1 unmissverständlich auf den Punkt: SCHULD ist nie der Hund.

Infos und Tickets: www.martin-ruetter-live.de

Bildnachweis

194 Farbfotos wurden von Klaus Grittner für dieses Buch aufgenommen.
Weitere Farbfotos von Andrea Buisman (2: S. 55, 107) und Hans Jörg Günter (1: S. 67).

Impressum

Umschlaggestaltung von GRAMISCI Editorialdesign, München unter Verwendung von zwei Farbfotos von Klaus Grittner.

Mit 201 Farbfotos.

Unser gesamtes Programm finden Sie unter **kosmos.de.**
Über Neuigkeiten informieren Sie regelmäßig unsere
Newsletter, einfach anmelden unter **kosmos.de/newsletter**

Gedruckt auf chlorfrei gebleichtem Papier

© 2017, Franckh-Kosmos Verlags-GmbH & Co. KG, Stuttgart.
Alle Rechte vorbehalten
ISBN 978-3-440-14596-8
Redaktion: Hilke Heinemann
Gestaltungskonzept: GRAMISCI Editorialdesign, München
Gestaltung und Satz: Atelier Krohmer, Dettingen/Erms
Produktion: Andrea Hehn, Gabriela Müller
Druck und Bindung: FIRMENGRUPPE APPL, aprinta druck, Wemding
Printed in Germany / Imprimé en Allemagne

FSC
www.fsc.org
MIX
Papier aus ver-
antwortungsvollen
Quellen
FSC® C004592